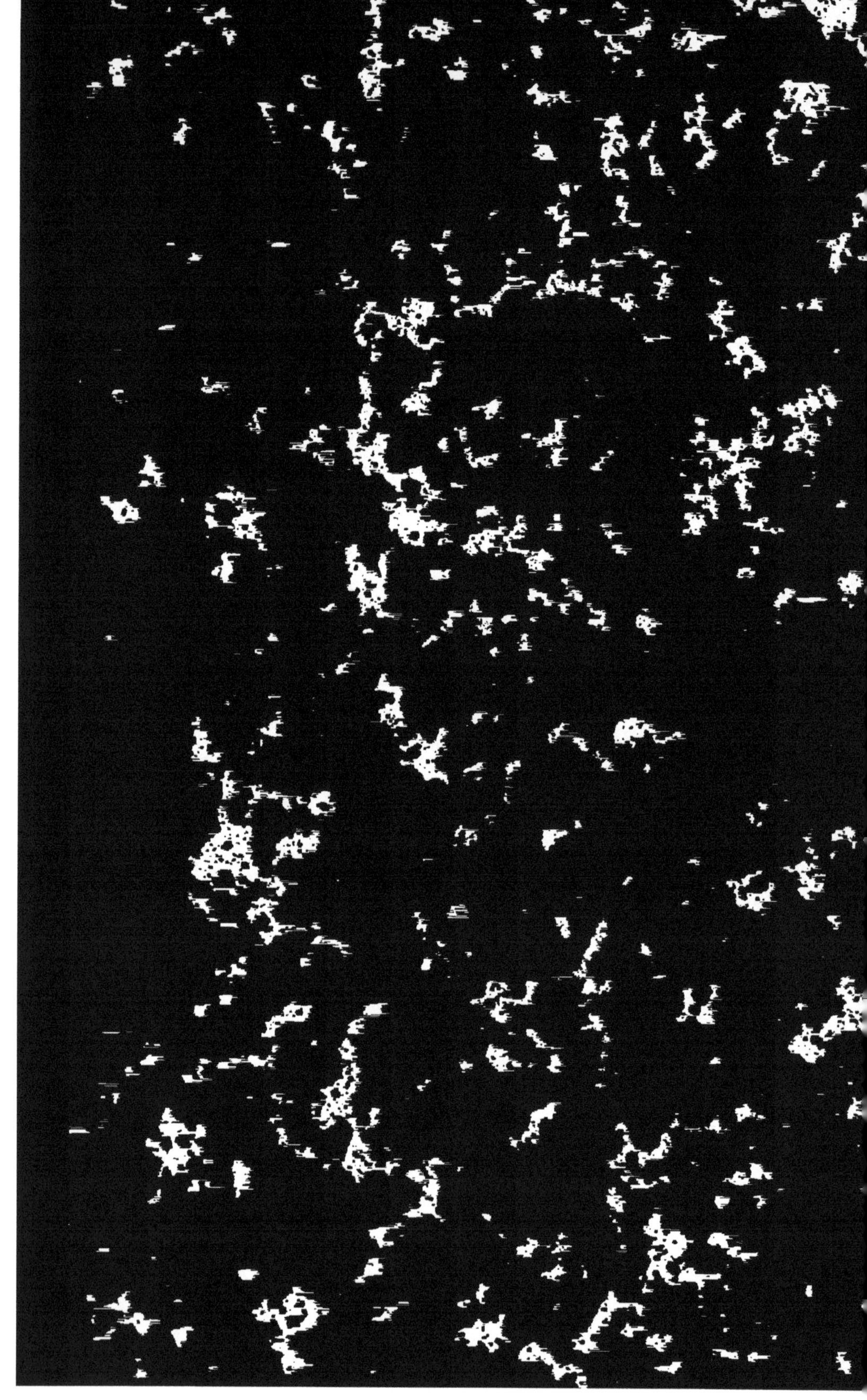

OBSERVATIONS

SUR LES

CHEMINS DE FER

ÉCONOMIQUES

A VOIE NORMALE ET A VOIE RÉDUITE

PARIS — TYPOGRAPHIE DE J. BEST,
rue des Missions, 15.

OBSERVATIONS

SUR LES

CHEMINS DE FER

ÉCONOMIQUES

A VOIE NORMALE ET A VOIE RÉDUITE

PAR J.-B. KRANTZ

INGÉNIEUR EN CHEF DES PONTS ET CHAUSSÉES

DÉPUTÉ DE LA SEINE

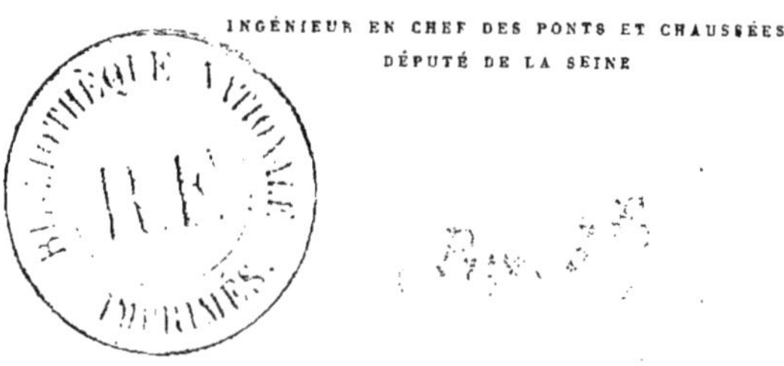

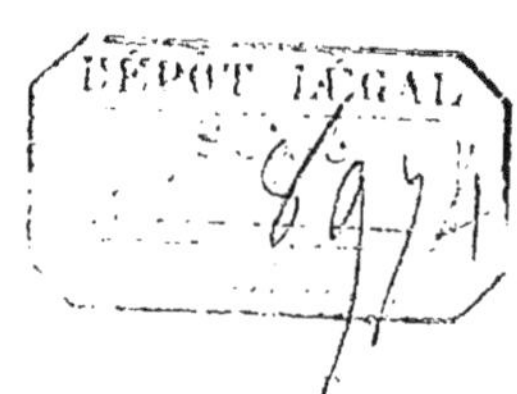

PARIS

DELAMOTTE ET FILS, ÉDITEURS

9, RUE CHRISTINE-DAUPHINE, 9

1875

SOMMAIRE

PIÈCES ANNEXES.

OBSERVATIONS

SUR

LES CHEMINS DE FER

ÉCONOMIQUES

A VOIE NORMALE ET A VOIE RÉDUITE

---

§ 1.

Introduction.

La statistique officielle relève en France, au 31 décembre 1874, une longueur de 28,160 kilomètres de chemins de fer à la voie de 1m.50.

Cette longueur est ainsi répartie :

Chemins d'intérêt général en exploitation.	kilom.	18,876
Chemins d'intérêt général en construction ou concédés.		4,811
Chemins d'intérêt local en exploitation.		1,504
Chemins concédés ou investis de la déclaration d'utilité publique.		2,782
Chemins industriels exploités.		163
Chemins industriels en construction.		24
TOTAL PAREIL.	kilom.	28,160

La longueur des chemins à voie réduite ne dépasse pas 52 kilomètres, et montre le rôle secondaire qu'ils ont joué jusqu'à ce jour dans notre outillage industriel. Ce n'est pas cependant qu'il n'en ait été fréquemment question et depuis fort longtemps. La commission d'enquête instituée en 1861 avait cru pouvoir les signaler comme le véritable type des chemins d'intérêt local. Nombre d'ingénieurs fort autorisés, entre autres M. Flachat, avaient mis en relief leurs qualités. Dès 1865, MM. Thirion et Bertera les avaient préconisés dans une brochure fort remarquée [1] à cette époque et avaient cité à l'appui de leur opinion les résultats obtenus sur le petit chemin de Mondalazac.

A l'étranger, on avait fait plus. Dès 1861, un ingénieur suédois, M. Karl Pihl, les avait substitués à la voie normale de $1^{m}.50$ pour l'achèvement du réseau de la Norvége et de la Suède. Cet exemple avait été suivi dans la province russe de Livonie. Aux grandes Indes, en Australie, en Amérique, la voie étroite a été acceptée et s'exécute sur une assez grande échelle.

Cependant, jusqu'à ce jour, l'opinion en France ne s'est pas émue; soit bon sens, soit routine, elle est restée fidèle à notre vieille voie. Bien des entreprises ont été conçues en vue de l'autre; puis au moment de mettre la main à l'œuvre, on a reculé devant les objections et les difficultés qui surgissaient de tous côtés. Rien n'a pu, sur ce point, vaincre le scepticisme des spéculateurs.

Je chercherai plus tard à reconnaître si l'on a eu tort ou raison. Pour le moment, je me borne à constater que les chemins à voie réduite représentent à peine, comme longueur, 1.9 pour mille et comme importance, moins encore de l'ensemble de notre réseau. Je puis donc affirmer, sans forcer les appréciations, que leur procès a toujours éte perdu, dans notre pays, devant l'opinion publique.

Mais cette cause qui semblait définitivement condamnée vient tout

(1) Observations sur le projet de loi des chemins de fer départementaux.

récemment de recevoir un appui fort inattendu, celui de M. le ministre des travaux publics ([1]). La question entre donc dans une phase toute nouvelle et qui appelle sérieusement l'attention des hommes politiques et des économistes, car il y va des plus gros intérêts du pays.

Jusqu'à ce jour, le ministère des travaux publics ne nous avait pas habitués à des témérités. Il s'était montré prudent et soucieux à l'excès de l'intérêt général. Ainsi, dans cette question des chemins de fer, on l'a vu, dès l'abord, entourer la construction et l'exploitation des précautions les plus minutieuses, hérisser son cahier des charges des prescriptions les plus dures. Il attendait, pour se départir de la sévérité de ses règles en fait de courbes, de pentes, de vitesses, de compositions de trains, etc., que l'expérience eût surabondamment sanctionné les innovations réclamées, et encore n'accordait-il d'allégements que dans une mesure très-parcimonieuse. Il ne craignait pas de sacrifier quelques intérêts privés à ce but opiniatrément poursuivi, de doter le pays d'un réseau compacte homogène, sagement construit et sagement exploité. Ainsi par exemple, bien que l'expérience ait montré tant en France qu'à l'étranger la réelle puissance des chemins à voie unique, l'Administration semblait ne pouvoir se résigner encore à les admettre dans son réseau; elle continuait et elle continue à imposer toujours l'achat des terrains et presque toujours la construction des terrassements et ouvrages d'art en prévision d'une double voie. Ainsi encore, bien qu'il soit établi aujourd'hui que pour des chemins destinés à de faibles trafics transportés à petite vitesse les rayons des courbes puissent subir de nouvelles réductions, l'Administration tient bon. Il semble que, pour elle, les expériences ne soient pas encore suffisamment concluantes. Comme, après tout, le rôle essentiel de l'Administration est de défendre l'intérêt général, et que le but qu'elle a poursuivi est honorable, on lui a aisément pardonné d'avoir quelquefois dépassé la mesure.

([1]) Voir les projets déposés sous les nos 2896 et 2980 dans les séances des 15 février et 17 mars 1875.

Telle était, jusqu'à ces derniers temps, l'Administration française, très-prudente, très-réservée, et médiocrement soucieuse des intérêts privés. Aujourd'hui elle change complétement. Brûlant ce qu'elle avait adoré, adorant ce qu'elle avait brûlé, elle devient libérale à l'excès. Ses vieilles règles en fait de courbes, de stations, de clôtures, etc., elle les abandonne, mais à condition que l'on adoptera la voie étroite; toutes les immunités sont à ce prix. Ceci fait, elle n'attend même pas qu'on lui demande des allégements aux cahiers des charges, elle les offre, elle incite les départements à les réclamer.

Elle renonce ainsi à ses vieilles traditions de réserve et de fermeté au moment où elle n'a plus qu'à en recueillir le fruit. Car enfin notre réseau compte aujourd'hui plus de 28,000 kilomètres. Il n'est guère probable qu'il se double de longtemps. On ne voit de prime abord aucun inconvénient à le terminer dans le système où il a été commencé et poursuivi; tout paraît au contraire y convier. Cependant l'Administration y renonce.

Si quelque chose pouvait ajouter à la singularité de cette évolution, c'est la transformation des doctrines. Jusqu'à ce jour, ingénieurs, industriels, commerçants, tous nous avions regardé le transbordement comme un inconvénient très-sérieux, un mal qu'il fallait éviter, même au prix de grands sacrifices; mais point, il paraît que nous nous étions trompés et qu'au fond c'est fort peu de chose. On n'en a plus aucun souci. On va même plus loin: on semble le rechercher. Ce que l'on veut, pour le réseau d'intérêt local, ce sont des chemins à *transbordement*. Ils seront isolés de notre réseau d'intérêt général; tant mieux, loin de s'en plaindre on s'en applaudit. Ces doctrines si nouvelles ont un écho dans la presse. Un grand journal (1), ordinairement mieux inspiré, ne craint pas de dépasser la pensée ministérielle. Il voudrait que, vis-à-vis des départements, on substituât l'injonction au conseil et que l'on prescrivît d'office l'emploi de la voie étroite.

(1) *Journal des Débats*, n° du 15 mai 1875.

Ses convictions sont tellement fermes, qu'il oublie, sur ce point, ses traditions libérales et l'esprit même de la loi du 12 juillet 1865.

On aurait pu croire que les grandes Compagnies, dont les intérêts sont si étroitement liés au développement de la richesse publique et par suite à la facilité et à l'abondance des transports, verraient avec quelque inquiétude la ceinture de transbordement dont on songe à les entourer, et réclameraient contre cette espèce de système prohibitif dont elles ne paraissent avoir rien de bon à attendre. Nullement; elles ne protestent en aucune manière, et tout porte à croire que cette innovation est loin de leur déplaire.

On a beaucoup vanté, dans ces derniers temps, l'esprit de sage prévoyance qui a présidé à la construction de notre réseau de voies ferrées, à sa distribution sur les divers points du territoire et à sa répartition entre les grandes Compagnies. Comme aussi on a loué les dispositions de garantie qui ont permis aux capitaux timides de s'engager avec sécurité dans cette grande industrie. On a eu raison au fond, quoique l'on ait parfois dépassé un peu la mesure; ce qui du reste est assez naturel quand on fait soi-même son propre éloge. En somme, notre réseau ne me paraît pas de nature à nous inspirer un orgueil immodéré; mais, en réalité, il mérite une sérieuse estime. Ce qui m'en plaît surtout, c'est l'homogénéité de la voie. A l'exception de quelques lignes infimes (52 kilom. en tout) destinées à des services particuliers, nous n'avons à l'usage du public que la voie normale de $1^{m}.50$. Un wagon peut être promené d'un bout à l'autre de la France sans rompre charge si l'on y a quelque intérêt militaire ou autre. C'est justement cette homogénéité que j'admirais qui va être détruite. Cet avantage, à ce qu'il paraît, est de nulle valeur. Sur ce point, je m'étais trompé, et beaucoup d'autres comme moi.

Tout ceci est assurément fort grave.

Dans ce conflit d'opinions, qui a raison et qui a tort? Il importe de le reconnaître. Si l'introduction dans notre réseau d'un second type de chemins de fer est chose réellement utile, on aurait mauvaise grâce de s'y opposer, au nom de préjugés surannés dont l'expérience a, *dit-on,* fait justice. Mais si, par hasard, cette opinion, si accréditée jusqu'à ce jour, est vraiment la plus sage, il convient d'opposer une inébranlable fermeté à la résurrection, faite pour je ne sais quels intérêts, de vieilleries déjà plus d'une fois mises au rebut.

Tout nous convie donc à un nouvel examen de la question et, pour ma part, j'ai éprouvé le besoin de l'étudier encore et de discuter les faits qui ont surgi depuis peu et déterminé le mouvement d'opinion que j'ai constaté précédemment. Il importe que chacun de nous puisse raffermir ou réformer, suivant qu'il y aura lieu, ses premières convictions. C'est ce que j'ai voulu faire et la publication de cette note n'a d'autre but que d'éviter à ceux que cette question intéresse le travail et les recherches auxquels j'ai dû me livrer.

Comme on le verra ci-après, le problème à résoudre se présente sous deux aspects essentiellement distincts. Quel est dans un pays neuf, eu égard à la densité et à la richesse de la population, à la nature et à l'abondance du trafic, la meilleure voie de chemin de fer? Le choix est difficile et dépend d'éléments bien complexes. J'ai rarement vu cette question nettement posée et sagement résolue. Cela se comprend, puisqu'on doit tenir compte non-seulement du présent, mais encore de l'avenir, et l'avenir arrive vite; l'établissement des chemins de fer modifiant promptement toutes les conditions économiques dans lesquelles on se trouvait au début.

Mais ce difficile aspect du problème ne nous intéresse fort heureusement en aucune manière. En France, le choix du système de chemins de fer a été fait depuis longtemps, il n'est plus à faire; bon ou mauvais, nous avons un puissant réseau construit à la voie normale de $1^{m}.50$. La question, pour nous, et c'est là le second aspect du problème, se réduit à savoir s'il convient d'y juxtaposer un réseau de largeur différente, ou de continuer simplement, suivant les ressources que nous pouvons y consacrer et dans le même système, l'achèvement de nos voies ferrées. On comprend qu'une nouvelle voie, si parfaite qu'elle soit, par le fait seul qu'elle ne se reliera pas aux autres, perdra notablement de ses avantages intrinsèques et fera surgir des inconvénients spéciaux. Ici il ne s'agit plus de rien d'absolu, tout devient contingent et relatif.

J'ai peine à croire, qu'au milieu de nos ardents conflits politiques, la question dont il s'agit obtienne du public une attention suffisante. Je le regrette vivement, car, en cette matière surtout, le mal se fait vite et se répare lentement; on peut en juger par l'état de nos canaux.

---

§ 2.

Situation actuelle des voies ferrées.

Au moment où j'écris ces lignes (27 septembre 1875), il y a cinquante ans, jour pour jour, que la première locomotive due au génie de Stephenson faisait son voyage d'essai sur le chemin de Darlington à Stockton. Les Anglais célèbrent avec éclat ce demi-centenaire; ils ont raison. La découverte qu'il rappelle sera l'éternel honneur de leur pays et, après celle de l'imprimerie, l'événement le plus profitable à l'humanité.

Pendant que les hommes d'État de l'Europe s'évertuaient en des combinaisons politiques dont l'événement a démontré la radicale infirmité, les ingénieurs anglais cherchaient dans une voie plus sûre les éléments de richesse et de prospérité de leur pays. Ils faisaient sur la nature une de ces durables conquêtes qui ne coûtent rien à personne et profitent à tout le monde.

Le 27 septembre 1825, l'émotion fut indescriptible dans ce petit coin de l'Angleterre. Aussi bien les trois cents invités qui étaient admis à l'honneur de monter sur le convoi d'essai que les nombreux spectateurs qui bordaient le chemin, chacun saluait de ses hourrahs enthousiastes cette *petite machine* (1) remorquant à la vitesse d'un bon trotteur son lourd convoi de voyageurs et de marchandises. Chacun comprenait instinctivement qu'une grande œuvre s'accomplissait; ce n'était rien de moins, en effet, que l'avénement d'un nouveau monde industriel.

Stephenson a eu ce grand honneur de construire dès le début des

(1) La *locomotion*, du poids de sept tonnes. Cette machine a été restaurée et religieusement conservée par la Compagnie du North-Eastern Railway.

locomotives qui utilisaient complétement leur adhérence [1] et pouvaient traîner environ treize fois leur poids, comme nos locomotives si perfectionnées d'aujourd'hui; mais, alors même qu'il n'aurait pas été aussi habile dans ces détails, sa gloire n'en serait pas moins impérissable, car il a créé la première machine douée de l'un des attributs principaux des êtres animés, *la faculté de se mouvoir*. C'est cette machine qui fait, à la fois, le caractère distinctif et la puissance des nouvelles voies de transport.

Le chemin à bandes métalliques (fonte ou fer) existait avant Stephenson et était même fort répandu dans les districts houillers et métallurgiques de l'Angleterre. Il servait à la desserte des nombreuses mines et hauts fourneaux du pays. Il constituait déjà un notable progrès sur les anciennes voies de terre, car il avait permis de réduire la résistance au roulement [2] dans la proportion de 1 à 10, et par suite décuplé la puissance des hommes et des chevaux qui opéraient la traction. Ce progrès avait appelé l'attention des économistes, et M. Ch. Dupin avait été chargé par le gouvernement français d'aller étudier sur place ces nouvelles voies; mais en réalité ce n'étaient encore que des routes. La locomotive, qui est l'âme et la vie du chemin de fer, leur manquait et c'est Stephenson qui l'a créée.

Ces chemins à bandes, actuellement relégués sur nos chantiers de terrassements et dans les grandes usines, ont été les précurseurs des chemins de fer. Ils reçoivent aujourd'hui dans les tramways, aux abords des villes, la seule application générale qu'ils comportent; mais, privés de la locomotive, ils seraient restés d'une application très-restreinte et n'auraient pas, comme le véritable chemin de fer, fait la conquête du monde.

Aujourd'hui, grâces à la découverte de Stephenson, l'Europe est

(1) Au moins pour les vitesses alors en usage.

(2) Sur une route de terre bien entretenue, la résistance au roulement est de 5 pour 100 environ du poids à traîner. Sur des bandes métalliques bien posées, elle descend à 5 pour 1000.

sillonnée en tous sens de voies rapides. La production a reçu de la facilité des transports une énergique impulsion. La richesse et le bien-être se sont accrus dans une large mesure; mais, si en Europe la locomotive a servi puissamment une civilisation déjà faite et des intérêts préexistants, en Amérique, en Australie, elle a créé de nouveaux mondes. C'est par elle et par elle seulement, que l'on conquiert les vastes solitudes. Partout où la machine apparaît, la civilisation s'installe.

Voilà ce que nous devons à Stephenson et l'on me pardonnera d'avoir cédé, en abordant les questions de chemins de fer, au plaisir de rendre à la mémoire de ce grand homme un respectueux témoignage d'admiration.

Le chemin de Darlington à Stockton, sur lequel ont été faits les premiers essais de traction à la vapeur, avait $1^m.44$ (1) de largeur entre les bords intérieurs des rails. Cette dimension adoptée et patronnée par Stephenson a naturellement prévalu en Angleterre et de là s'est répandue dans le reste de l'Europe. Comme c'est presque la seule que nous connaissions en France, on me permettra, dans ce qui va suivre, de l'appeler la voie normale.

Mais, à tort ou à raison, d'autres écartements ont été adoptés en différents pays. Je désignerai par grandes voies celles dont l'écartement est supérieur à $1^m.44$, et par petites voies celles où il reste au-dessous de cette dimension.

Le tableau suivant indique quelle était, à la fin de 1869, la longueur des chemins de fer existants en Europe et leurs diverses largeurs.

(1) La largeur de $1^m.44$ est celle de la voie ordinaire des voitures qui circulent sur les routes. En l'adoptant pour les chemins de fer, on a fait une assimilation plus heureuse que rationnelle.

Tableau des chemins existants en Europe, au 31 décembre 1869.

INDICATION DES ÉTATS.	LONGUEURS DES RÉSEAUX		
	à GRANDE VOIE.	à VOIE NORMALE.	à VOIE RÉDUITE.
	kilom.	Kilom.	Kilom.
FRANCE.	»	16,954	52
AUTRICHE.	»	8,051	»
DANEMARCK.	»	682	»
ESPAGNE.	5,407	»	»
GR. BRETAGNE ET IRLANDE..	3,250	21,510	35
BELGIQUE.	»	3,052	50
ITALIE.	»	5,772	39
PAYS-BAS.	»	1,480	»
PORTUGAL.	694	»	»
TURQUIE.	»	524	»
ROUMANIE, GRÈCE.	»		
RUSSIE.	7,674	»	824 environ.
SUÈDE ET NORVÉGE. . . .	»	2,136	
SUISSE.	»	1,380	
ALLEMAGNE.	»	17,222	
TOTAUX.	17,025	78,763	1,000 environ.

Les voies étroites sont d'écartements très-variés; la largeur qui domine est d'environ 1^{m}.10 entre les axes des rails.

La largeur de la grande voie est :

En Russie, de 1^{m}.58 entre les axes des rails.
En Irlande, de 1^{m}.66 id.
En Espagne, de 1^{m}.68 id.

Le Great-Western, dont la largeur était de 2^{m}.188, a été ramené à la voie normale.

Ainsi, l'ensemble des chemins de fer existants à la fin de 1869, en Europe, avait une longueur totale de de 96,888 kilomètres ainsi distribués :

Chemins à grande voie. . . .	kilom.	17,025,	soit	17.52 p. 100
— à voie normale . . .	kilom.	78,763,	id.	81.40 p. 100
— à petite voie	kilom.	1,000,	id.	1.08 p. 100
Totaux		96,788,	soit	100 p. 100

Ce réseau, construit en moins de cinquante ans, représentait une valeur de près de 40 milliards dans lesquels la France figurait pour plus de 8 milliards. C'est assurément un énorme capital, mais personne ne saurait prétendre qu'il a été mal employé.

Dans l'Amérique du Nord, on trouve à la fois toutes les dimensions de voies, depuis la largeur de 1^{m}.83 (chemin de l'Érié) jusqu'aux très-petites dimensions des chemins de Denvers et Colorado. A ce trait, on reconnaît bien la désinvolture du génie américain. Il n'attend pas que la route soit éclairée pour s'y engager. Fidèle à sa devise, *Go ahead,* il va de l'avant quand même. Mais il met à réparer ses fautes une si prodigieuse énergie, qu'on n'a vraiment pas le courage de les lui reprocher. Celle-ci lui coûtera quelques milliards; seulement, quand il s'en apercevra, ces milliards auront été créés par le développement des nouveaux territoires. On est vraiment, en ce qui le concerne, porté souvent à se demander si certaines folies ne valent pas mieux que certaines sagesses.

Le réseau construit aux grandes Indes par le gouvernement anglais comptait, au 31 décembre 1873, 9 448 kilomètres, dont 9 212 à la voie de 1^{m}.68; 2 977 kilomètres étaient en construction, dont 1 315 seulement à la voie large, le reste à la voie de 1 mètre. Mais cet apparent triomphe de la voie étroite avait, moins qu'on ne l'a dit, tranché la question de principe, car il vient d'être décidé que l'important chemin de l'Indus serait construit à la voie de 1^{m}.68.

En Australie, on a adopté la voie de 1^{m}.60 dans la province de

Victoria, la voie normale de $1^m.44$ dans la *Nouvelle-Galles* du Sud, et celle de $1^m.07$ dans le *Quensland*. On a cédé à des entraînements passagers et desservi des utilités transitoires. Je doute que l'on ait bien fait. On payera plus tard, au centuple, l'économie que l'on a réalisée dès le début. Ici encore, on est allé de l'avant sans tenir compte de l'expérience chèrement acquise sur les chemins de la mère patrie.

En somme, la voie large paraît perdre du terrain en Europe et la voie réduite tend à en gagner en Amérique et en Asie.

Il ne faudrait cependant pas trop se hâter de conclure, d'après ces indications, en faveur ou à l'encontre de l'un quelconque des types. Les situations ne sont pas partout les mêmes non plus que les besoins, et de ce que tel ou tel système prévaut quelque part, il n'en résulte pas toujours qu'il soit absolument le meilleur. Dans ces sortes de questions il intervient malheureusement bien d'autres considérations que celles de l'intérêt public, qui d'ailleurs n'est pas le même partout.

---

§ 3.

Considérations générales sur les diverses largeurs de voie.

Depuis le chemin Lilliputien de Festiniog jusqu'au chemin géant du Great-Western, c'est-à-dire depuis la voie de $0^m.60$ jusqu'à celle de $2^m.13$ (1), la série est complète. On doit croire qu'elle renferme des types propres à chaque situation et pouvant donner satisfaction à chaque nature de besoin.

Mais comment se diriger dans le choix à faire?

Prenant la question à son point de vue le plus général, sans tenir compte des réseaux existants, on peut rechercher quelle serait au début, dans un pays nouveau, la meilleure voie à adopter. Même ainsi simplifiée, la question reste encore délicate et se lie intimement à la situation du pays que l'on considère, au relief de ses montagnes, au nombre et à la puissance de ses cours d'eau, comme aussi à la densité et à la richesse de la population, à la nature et à l'abondance des produits à transporter; question complexe s'il en fut et où il faut déployer une grande sagacité pour distinguer les avantages accessoires que l'on peut négliger des avantages essentiels qu'il convient de conquérir. Ce qui ajoute encore à la complication de cette étude, c'est qu'il faut tenir grand compte de l'avenir. Le chemin de fer développe rapidement les trafics. On voit s'opérer des déplacements d'hommes et de marchandises sur lesquels on ne croyait pas pouvoir compter et quelquefois, au bout de 10 ou 15 ans, on se trouve dans des conditions bien différentes de celles sur lesquelles on avait basé ses calculs. Tout ce que l'on peut dire à ce point de vue et d'une manière générale, c'est que, si les ressources dont on dispose le permettent, il convient d'écarter les types faibles, car les

(1) Mesurée entre les bords des rails.

élargissements de chemins de fer sont toujours coûteux et pénibles.

Cependant comme, après tout, le développement ultérieur du trafic n'est possible qu'avec et par les nouvelles voies, il vaudra encore mieux avoir au début des chemins de fer imparfaits ou un peu faibles que de ne pas en avoir du tout. Il conviendra, dans ce cas, de se résigner à des réfections ultérieures, si les ressources dont on dispose ne permettent pas tout d'abord de faire ce que l'on jugerait le plus utile pour l'avenir. Dans nombre de pays neufs et pauvres, la première condition à rechercher sera donc le minimum du prix et non le maximum de puissance de la voie ferrée.

Rien assurément ne diffère plus d'une règle absolue que les considérations qui précèdent et cependant, à moins de se placer dans des conditions déterminées où le problème se précise, il paraît difficile de sortir sans imprudence de ces généralités un peu banales.

Ce n'est pas que l'on ne puisse assigner aux trois groupes de voies que j'ai indiqués précédemment des caractères spéciaux assez tranchés. Il est manifeste, par exemple, que la grande voie permet, plus que les autres, l'emploi de machines très-puissantes, assure mieux la stabilité des véhicules, et par suite comporte au besoin de plus grandes vitesses et des trains plus considérables; on peut ajouter qu'elle permet d'adopter pour les wagons des dispositions spéciales plus commodes, notamment un couloir intérieur qui facilite la circulation d'un bout à l'autre des trains et le service des billets pendant la marche. Mais on ne saurait méconnaître que, surtout pour l'infrastructure, terrassements, ouvrages d'art, elle ne donne lieu à des accroissements de dépenses assez notables et qu'elle ne soit moins maniable que les autres; elle paraîtrait devoir être réservée aux contrées peu accidentées, aux pays de grande richesse, de grande production et de populations denses.

C'est bien ainsi qu'elle a d'abord été appliquée en Angleterre et que, partie de Londres, elle a desservi successivement Bristol, Glocester, Exeter, Plymouth, Birmingham. C'est ainsi encore qu'elle avait été adoptée en Hollande. Je dirai plus tard pourquoi on a dû y renoncer dans ces divers pays. On ne la trouve plus actuellement employée qu'en Irlande, en Portugal, en Espagne et en Russie. Mais, dans ces deux derniers pays, on a moins consulté les besoins ou les convenances économiques que les considérations politiques ou militaires; on paraît avoir tenu à pouvoir, en cas de conflit, s'isoler des pays voisins et empêcher que l'ennemi tire aucun profit des lignes ferrées sur le territoire envahi. Il suffit en effet, dans ce cas, de ramener le matériel à l'intérieur et, sans couper les voies, on en interdit absolument l'usage à l'envahisseur.

La voie normale de $1^{m}.50$, à laquelle nous avons été conduits par l'imitation bien plus que par le raisonnement, paraît très-bien adaptée aux conditions dans lesquelles se trouvait notre pays. Elle n'exigeait pas l'emploi de capitaux plus considérables que ceux dont nous disposions. La meilleure preuve que l'on puisse en donner, c'est que, dans un temps relativement assez court, nous avons pu constituer, dans de très-bonnes conditions, la plus grande partie de notre réseau et cela, malgré nos révolutions et nos guerres, malgré quelques défaillances momentanées du crédit, malgré surtout l'inexpérience, les tâtonnements et les fausses manœuvres du début. Les capitaux immobilisés se reconstituent rapidement et l'argent que l'État y a consacré produit au Trésor de larges revenus.

On pouvait craindre au bout de quelques années, à voir le développement inattendu du trafic voyageurs et marchandises, que les nouvelles voies ne devinssent impuissantes à desservir le mouvement qu'elles suscitaient. Mais l'expérience nous a bien vite rassurés à cet égard. Il suffit de considérer ce qui se passe sur nos prinpales artères de la Méditerranée et du Nord pour reconnaître que, dans l'ensemble, notre voie ferrée suffira longtemps à nos besoins. Sans parler des secours qu'elle peut attendre pour les trafics encombrants d'un développement judicieux de nos voies navigables, on peut regarder qu'il y aura bien peu de directions où elles devront être doublées pour cause d'insuffisance.

Sa flexibilité a été pendant longtemps mise en question et n'est pas encore suffisamment appréciée. Il y avait vraiment lieu de se demander, au début, si la voie ferrée parviendrait à atteindre tous les points importants de notre territoire. On pouvait en douter en voyant les sévères conditions de pentes et de courbes édictées par les premiers cahiers des charges; mais l'habileté de nos constructeurs a bien vite triomphé des difficultés que l'on rencontrait.

Aujourd'hui, les courbes de 350 mètres ont succédé aux courbes de 500 et de 1,000 mètres de rayon. La régularité et la sécurité des transports ne s'en sont pas ressenties. Il est même hors de doute que l'on peut actuellement, pour des lignes à très-faible vitesse, descendre à des rayons de 150 mètres. L'expérience est faite et dans ces conditions, sans dépenses excessives, on passe à peu près partout.

L'emploi des machines à 8, 10 et 12 roues couplées a permis de gravir des rampes de plus de 30 millimètres; l'emploi de la marche à contre-vapeur permet de les descendre avec sécurité et sans usure spéciale du matériel roulant.

On le voit, le chemin à voie normale possède maintenant une remarquable flexibilité aussi bien pour les courbes que pour les inclinaisons. Il paraît, sauf de très-rares exceptions, en mesure de répondre à tous nos besoins. Les événements ont fait pour nous le choix de ce type, mais nous n'avons rien à regretter. Nous aurions pu longtemps discourir et discuter, sans faire mieux.

Je crois donc que partout où l'on se trouvera dans des conditions à peu près semblables à celles où se trouvait notre pays et où l'on aura la sagesse de se borner à un seul type, celui de la voie normale se recommande spécialement par l'expérience qui en a été faite.

J'écarte immédiatement de la discussion tout ce qui concerne les voies de moins de 0m.90 de largeur. Suivant moi, leur emploi ne peut être sérieusement motivé que par des circonstances tout à fait exceptionnelles et ne saurait constituer habituellement qu'un tour de force plus ingénieux qu'utile. Ces sortes de voies sont, du reste, assez rares en Europe. Je n'admets comme pouvant être consacrés à des transports de voyageurs et de marchandises, c'est-à-dire utilisés pour les services publics, que les chemins dont la largeur est comprise entre 0m.90 et 1m.10. Ceux-là seuls constituent, suivant moi, le type véritable des chemins à voies étroites. Mais ce type est loin de présenter les avantages qu'on lui attribue. Pour les rampes, il n'est pas supérieur à la voie normale. Pour les courbes, sa supériorité ne commence guère à se faire sentir que dans les rayons inférieurs à 150 mètres.

M. Fairlie estime, au point de vue de l'exploitation, que la voie de 0m.91 est préférable à toutes les autres, parce qu'elle donne avec une capacité suffisante un minimum relatif de poids mort. Suivant lui, si l'on réduit cette largeur, la capacité décroîtra rapidement; si on l'augmente, le poids mort s'accroîtra dans une large mesure. J'ai cherché vainement la justification de ces assertions très-fermes et ne l'ai pas trouvée. J'estime, jusqu'à preuve contraire, que l'économie obtenue à l'aide des voies étroites est compensée par la réduction de leur puissance, de telle sorte que l'on paye moins cher un outil de moindre valeur. Mais où en serions-nous, si dès l'origine on avait eu la malencontreuse idée de les adopter pour notre réseau? Croit-on qu'elles suffiraient aux énormes transports de nos artères principales? Je ne saurais l'admettre. Nous payerions bien cher aujourd'hui l'économie que nous aurions faite, à leur aide, dès le début.

Dans ce qui précède, je n'ai tenu compte que de la valeur intrinsèque des divers types. J'ai examiné la question comme on serait amené à le faire dans un pays neuf. Mais nous n'en sommes plus là, et des considérations d'un autre ordre doivent peser sur le choix du type dans lequel seront exécutés les chemins que nous avons encore à construire.

§ 4.

De la flexibilité relative des voies ferrées.

Quelles sont les largeurs qui permettent le mieux au chemin de fer de suivre, sans les heurter, les inflexions du terrain, et aux constructeurs d'établir aux moindres frais une plate-forme convenable?

Suivant une opinion assez répandue, ce sont les petites, et on leur attribue même, sous ce rapport, un avantage assez marqué.

L'administration des ponts et chaussées paraît être de cet avis; car M. le Ministre des travaux publics dit expressément dans l'exposé des motifs d'un projet récemment déposé [1]: La voie étroite possède une remarquable flexibilité, grâce à laquelle on peut réduire le rayon des courbes jusqu'à 80 mètres et même au-dessous, sans nuire à la facilité de l'exploitation.

Les chemins à petite largeur sont-ils beaucoup plus flexibles que les autres? Il importe de s'en assurer et de donner la mesure de cet avantage; car enfin si, d'un côté, l'administration reconnaît que les chemins à voies étroites peuvent être tracés avec des rayons de 80 mètres, et si, d'un autre côté, elle n'admet pas, dans les cahiers des charges rédigés pour la voie normale, de rayons inférieurs à 350 mètres, on sera porté à voir dans ces chiffres la mesure même de la flexibilité des deux types de voies; ce qui n'est pas précisément exact.

Il convient d'abord de remarquer, et je l'ai déjà dit, que cette flexibilité ne s'applique en aucune façon aux pentes et, sous ce rapport, les partisans les plus déterminés des voies étroites ne songent à leur attribuer aucun avantage. Grâce à l'accouplement des essieux, qui a

(1) Exposé des motifs du projet de loi relatif aux chemins de fer à traction de locomotives pouvant être établis sur les routes. — Déposé le 17 mars 1875.

permis de solidariser les efforts et d'utiliser l'adhérence de 8, 10 et même 12 roues, on peut aujourd'hui gravir des inclinaisons de 30 et 35 millimètres. Par l'emploi de la marche à contre-vapeur, on peut les redescendre sans avoir recours au frein, sans usure spéciale de matériel et en toute sécurité. Mais ces très-réels progrès sont indépendants de l'espacement des rails : ils ont été réalisés sur la voie normale et à son profit. Il n'est même pas bien démontré qu'ils puissent s'appliquer aussi bien aux chemins de largeur très-réduite.

Pour les courbes, il n'en va pas tout à fait de même. Dans la pièce annexe A, j'ai montré, par un calcul très-simple, que l'accroissement de résistance dû au passage des courbes ne varie guère, quand les rayons sont proportionnels à l'écartement des rails : ceci signifie que, si d'un côté on adopte une voie de 1 mètre et de l'autre une voie de 1^{m}.50 de largeur, les résistances resteront à peu près les mêmes, pourvu que les rayons varient comme les nombres 2 et 3. Autrement dit encore, si les rayons de la voie normale ne peuvent, sans imprudence, être descendus au-dessous de 350 mètres, ceux de la voie de 1 mètre ne devront pas être réduits à moins de 233 mètres. Mais si, au contraire, les rayons de 100 mètres sont acceptés d'un côté, ceux de 150 mètres doivent être tolérés de l'autre. C'est du reste ce que confirment les faits auxquels je vais maintenant laisser la parole.

Les expériences mentionnées ci-après datent déjà d'assez loin et sont, par conséquent, absolument étrangères à la polémique actuelle.

En ce qui concerne les machines, voici comment, dans un document officiel, s'exprimait M. l'Inspecteur général Couche, l'un des hommes d'Europe les plus compétents en pareille matière (1) :

« Le fait est celui-ci : Une machine de plus de 200 mètres de sur» face de chauffe, à essieux rigoureusement parallèles et espacés de » 6 mètres, à 12 roues toutes munies de boudins, a circulé *avec une* » *grande* facilité dans une courbe de 80 mètres de rayon. Elle y a

(1) Rapport de la machine de M. Petiet, à quatre cylindres et à douze roues couplées.

» démarré, refoulé sa charge, patiné sur place, de manière à mettre en » évidence la liberté des roues. »

On pourra dire qu'après tout il ne s'agit, dans ce qui précède, que d'une expérience et non d'un service courant. Mais voici la réponse à cette objection [1] :

« Des machines à 6 roues couplées, d'un petit modèle, il est vrai » (17 à 20 tonnes), ont passé pendant des années dans des courbes et » contre-courbes de 100 mètres de rayon, qui n'étaient pas même rac- » cordées par des portions de ligne droite. Il suffisait pour cela de » donner à la voie (de 1m.50) et aux coussinets des machines le jeu » convenable. De plus puissantes machines à six roues couplées (du » poids de 35 à 37 tonnes), ont été appelées à faire accidentellement » un service pour lequel elles n'avaient pas été établies, sur une rampe » de 35 millimètres, avec courbes de 150 et même 124 mètres de » rayon. Lorsque l'écartement des rails a été réglé et fixé d'une ma- » nière convenable, le service a pu se faire régulièrement pendant » 10 mois. . . . . Sans descendre à ces li- » mites pour des modèles de machines présentant les écartements et » la rigidité ordinaires, on voit que des courbes de 300 mètres et de » 200 mètres de rayon n'ont rien qui doive inspirer des inquiétudes » ou causer des difficultés pour l'installation du matériel. Elles ont » seulement, comme les fortes pentes, l'inconvénient de limiter la vi- » tesse de la marche et d'occasionner un surcroît de dépense et de » soin pour l'entretien de la voie. »

On peut donc affirmer, sans témérité, qu'en ce qui concerne les machines, la voie normale comporte certainement des courbes de 150 mètres.

En ce qui concerne les wagons, je ne puis mieux faire que de reproduire l'exemple cité par M. Varroy :

« La maison de Wendel a exploité pendant trois ans l'embranche-

(1) Note de M. Bousson sur les chemins de Rhône et Loire. Annales des Ponts et Chaussées, 1863.

» ment de 10 kilomètres de longueur entre Hagondange et Moyeuvre » (Moselle), avec une courbe de 90 mètres de rayon formant presque » un quart de cercle. Les wagons de l'Est, remorqués par des ma» chines spéciales, franchissaient cette courbe sans que les mécaniciens » eussent besoin de profiter de toute la vitesse acquise. M. Aweng, » directeur des usines de Moyeuvre, nous a assuré qu'un jour, un train » composé de quarante-deux wagons, dont un tiers pleins, avait franchi » sans difficultés apparentes et sans encombre, la courbe de 90 mètres. » C'était un train pesant 340 tonnes brutes et ayant près de 300 mè» tres de longueur.

» La ligne de Hagondange à Moyeuvre présente encore des courbes » nombreuses de 150 mètres de rayon, et même, sur un point, deux » courbes de 150 mètres en sens contraire, séparées seulement » par un alignement droit de 6 mètres. Ces courbes sont considérées » comme n'offrant pas une gêne appréciable avec les vitesses de 16 à » 20 kilomètres en usage. Une voie de garage, en courbe de 60 mè» tres de rayon, dessert l'usine de Jamailles. Les rails ont déjà près » de quatre ans de service, ils n'offrent pas de traces de détériora» tions dans les courbes. »

Je pourrais ajouter, comme résultat d'expérience personnelle, que j'ai vu souvent, au sortir des carrières de ballast, employer avec la voie normale des courbes de petit rayon, sans qu'il en résultât d'inconvénients sérieux. Cependant, il s'agissait de transports considérables effectués avec un matériel médiocre sur des voies médiocrement entretenues.

D'après ces faits, il me semble bien difficile de contester la possibilité de faire avec la voie normale, *mais à petite vitesse,* un bon et important service en adoptant des courbes de 150 mètres de rayon. Jusqu'à cette limite, l'emploi des voies étroites ne paraît donc pas absolument nécessaire.

Je pourrais ajouter que les deux voies comportent les mêmes procédés pour faciliter le passage des courbes roides. On peut et on l'a fait, aussi bien avec la voie normale qu'avec la voie étroite, rendre sur chaque essieu de wagon une roue indépendante, supprimer quelques mentonnets, écarter un peu les rails, donner du jeu aux glissières des locomotives, entretoiser la voie. Tous ces expédients, bien connus et peu coûteux, sont d'un effet assuré.

Mais, avec ou sans leur emploi, nous pouvons reconnaître à la voie normale une flexibilité bien supérieure à ce que semblent indiquer les cahiers des charges et à laquelle on ne paraît pas avoir fait suffisamment attention.

Tout ceci agrandit singulièrement le champ des applications utiles de la voie normale; car dans notre pays, il y a peu de terrains tellement mouvementés qu'on ne puisse les aborder avec des courbes de 150 mètres de rayon et des inclinaisons de 33 millimètres.

J'ai tracé et construit plusieurs centaines de kilomètres de chemins de fer dans les départements montagneux du sud-ouest de la France, et je me rappelle bien peu de passages où l'adoption de courbes inférieures à 150 mètres eût pu me procurer de sérieux avantages d'économie.

M. Varroy, de son côté, est arrivé aux mêmes résultats, et voici ce qu'il dit à la page 24 de son excellent écrit :

« Nous avons cherché à nous rendre compte des économies de » terrassements qu'il était possible de réaliser sur le chemin de » Sarrebourg à Saarunion, dont le tracé ne quitte pas, il est vrai, la » même vallée, mais est fort sinueux, et nous avons reconnu que » deux points seulement exigeaient nécessairement l'emploi d'un rayon » inférieur à 300 mètres pour réaliser une économie de terrasse- » ments incompatible avec ce dernier rayon, et encore il suffit, sur » l'un des points, de descendre à un rayon de 200 mètres (à l'entrée » d'une station), et sur l'autre point à un rayon de 150 mètres, pour » arriver au cube minimum de terrassements. La réduction totale » impossible à obtenir avec un rayon de 300 mètres s'élève à » 13,300 mètres cubes pour un développement de 30 kilomètres,

» soit à moins de $0^m.50$ par mètre courant, correspondant à une » économie de 850 francs par kilomètre, économie qui peut s'obtenir, » du reste, à l'aide d'un rayon parfaitement compatible avec la circu- » lation des grands wagons de l'Est. »

Enfin, j'ai tenu encore à étudier par moi-même l'exemple tant de fois cité du chemin de Mondalazac, et j'ai reconnu et je constate (voir pièce annexe B) que la plate-forme n'aurait exigé, pour être appropriée à la voie normale et au service spécial qu'elle dessert, qu'un accroissement de dépense total de 9,680 francs; soit, par kilomètre, de 1,380 francs environ.

De tout ce qui précède on peut conclure, ce me semble, que si la voie étroite présente *en théorie* un certain avantage de flexibilité, cet avantage se réduit singulièrement *en pratique,* et ne paraît pas de nature à compenser les trop réels inconvénients qu'entraînerait actuellement, en France, l'adoption de cette voie.

---

§ 5.

Du poids des rails.

Petites voies, petits rails : ce rapprochement se fait assez fréquemment et n'a absolument rien d'exact; car le poids des rails dépend de l'espacement des traverses, de la force des locomotives et nullement de la largeur de la voie. Assez faible au début sur tous nos grands chemins à voie normale, il s'est successivement augmenté en même temps que le trafic. Quand la grandeur des trains et les vitesses de marche se sont accrues, on a dû employer des locomotives plus puissantes, c'est-à-dire plus lourdes, et par suite proportionner la résistance de la voie aux charges plus considérables qu'on lui imposait. La roideur des pentes que l'on est arrivé à franchir a aussi contribué à ce résultat. Bref, en se reportant aux anciens cahiers des charges et à l'origine de toutes nos grandes Compagnies, on trouve que leurs anciennes voies ne ressemblent guère à ce que les nouvelles sont devenues.

Les chemins à voies étroites n'ont pas non plus échappé à cette loi de progression. Ainsi la très-petite ligne de Festiniog ($0^{m}.60$ de largeur entre bords) a débuté par des rails de $7^{kg}.20$, bientôt remplacés par des rails de $13^{kg}.50$ et enfin par d'autres de 22 kilogrammes. Le chemin d'Anvers à Gand a substitué des rails de 25 kilogrammes à ceux de 22, dont il se servait à l'origine.

Le petit tableau suivant, dans lequel j'ai mis en regard la largeur d'un certain nombre de lignes et le poids de leurs rails, fait bien ressortir l'indépendance réelle de ces deux éléments.

DÉSIGNATION.	LARGEUR DE LA VOIE.	POIDS des RAILS EN FER par mètre.	OBSERVATIONS
	Mètr.	Kilogr.	
FESTINIOG (Angleterre).	0,65	22,00	Les largeurs sont mesurées d'axe en axe des rails.
TURIN-RIVOLI (Italie).	0,95	21,45	
MONTEPONI A PORTO-SANTO (Sardaigne).	1,06	18,00	
DRAMMAN (Norvége).	1,12	18,00	
ANVERS A GAND (Belgique).	1,15	25,00	
UDDDEVALLA (Suède).	1,20	22,50	
SEUDRE (France).	1,50	26,00	
RÉSEAU D'INTÉRÊT GÉNÉRAL (France) . .	1,50	35 à 38	
RÉSEAU RUSSE.	1,58	37,70	Grande Compagnie.
RÉSEAU ESPAGNOL.	1,68	35,75	Nord-Espagne.
GREAT WESTERN (Angleterre).	2,18	35,00	

On le voit clairement par ces quelques exemples, il n'existe en réalité aucune relation absolue, aucun lien de proportionnalité, entre la largeur des chemins et le poids de leurs rails. Ce dernier élément est déterminé par des considérations d'une toute autre nature dans l'examen desquelles je vais très-sommairement entrer.

Dans le tableau suivant, dont j'emprunte les principaux chiffres à l'ouvrage de M. Varroy, je mets en regard, avec un espacement variable des traverses, le poids et la résistance des rails supposés de formes semblables.

POIDS DES RAILS PAR MÈTRE COURANT.	ESPACEMENTS						OBSERVATIONS.
	De 1m.00		De 0m.85		De 0m.75		
	CHARGE PAR ESSIEU correspondante au travail par millimètre						
	De 6k.50	De 8k.00	De 6k.50	De 8k.00	De 6k.50	De 8k.00	
kilom.							
36	12.000	14.760	14.400	17.720	16.000	19.680	
30	9.120	11.220	10.560	13.130	12.150	14.960	
25	6.950	8.550	8.120	10.000	9.260	11.400	
22	5.740	7.060	6.700	8.260	7.650	9.410	
20	4.980	6.130	5.820	7.170	6.500	8.170	
18	4.250	5.230	5.000	6.120	5.680	6.970	
15	3.230	3.970	3.800	4.640	4.300	5.290	
10	1.750	2.150	2.050	2.520	2.330	2.870	

Une première conséquence ressort de ce tableau : c'est que dans les pays où le bois n'est pas cher on a tout avantage à rapprocher, et on rapproche effectivement les traverses, ce qui permet de réduire assez notablement, pour la même charge, le poids des rails.

Ceci déjà infirme un peu certaines déductions que l'on a tirées du faible poids des rails employés sur quelques voies étroites. D'autre part, il est manifeste que sur des lignes où les trains se succèdent à de longs intervalles et marchent à de faibles vitesses, on peut, sans aucun inconvénient, faire travailler les rails à 8 kilogrammes par millimètre. Cette considération tout à fait indépendante de la largeur de la voie permet pour les lignes peu fréquentées une assez notable économie de métal. Ceci s'applique encore à bon nombre de chemins à voies étroites.

Mais, ainsi qu'on peut en juger par les chiffres qui précèdent, si une traverse mal bourrée cède, l'écartement des supports se double, ou peu s'en faut, et la résistance des rails décroît dans une large mesure, ce qui peut occasionner de graves accidents. L'emploi des rails faibles suppose donc et nécessite un entretien soigneux, vigilant et par suite très-coûteux. On paye ainsi en exploitation l'économie que l'on a faite en construction, dès le début. Aussi les Compagnies expérimentées se gardent-elles bien de ne donner à leurs rails que le poids strictement nécessaire, surtout quand elles prévoient que la fréquentation sera assez grande pour rendre les réparations difficiles. C'est ce qui explique notamment pourquoi nos grandes Compagnies ont fini par adopter des rails très-robustes, et aussi pourquoi, même sur les petites lignes, comme celles de Festiniog, on en est arrivé à des rails de 22 kilogrammes, après avoir débuté par des rails de 7 kilogrammes.

De tout ceci on peut, suivant moi, conclure que si une ligne de faible largeur possède un trafic développé, ou arrivera infailliblement à y employer des rails puissants. Si, au contraire, une ligne à voie normale ne dessert qu'un mouvement peu important, on se résignera sans peine à y conserver des rails faibles. Le poids des rails dépend donc beaucoup plus de l'intensité du trafic que des dimensions de la voie elle-même.

Au sujet du poids des rails, il y a, en ce qui concerne la voie normale, une distinction essentielle à faire. Quand les nouvelles lignes à établir devront se trouver en pleine communication avec les grands réseaux, y envoyer ou en recevoir des trains, il n'y aura pas à hésiter : il faudra accepter les rails puissants, dont l'expérience a fait reconnaître la nécessité ailleurs. A vouloir, par un souci exagéré d'économie, en réduire le poids et la force, on s'exposerait à des mécomptes ou à de gros embarras d'entretien; mais si, en raison du peu d'importance du trafic présumé et de la position des lignes, on croit pouvoir borner les communications avec les grands réseaux à de simples échanges de wagons, la situation se modifie et une perspective d'économie sérieuse apparaît.

En effet, les grands wagons à marchandises de nos lignes d'intérêt général pèsent, à vide, 5 tonnes, et à pleine charge, 15 tonnes; ce qui donne par essieu un poids de 7 tonnes 50. Les grandes voitures à deux étages, système Vidard, que l'on emploie maintenant dans la banlieue de Paris et qui ont été très-bien accueillies par le public, pèsent, à vide, 7t.80, et avec leurs 88 voyageurs, 13t.50; soit en nombres ronds et par essieu, 7 tonnes. La charge maxima des wagons à marchandises ou des voitures de voyageurs ne dépasse donc pas 7t.50. Or on peut très-bien limiter à ce poids la charge par essieu des locomotives spéciales qui feront la traction sur la ligne considérée. En accouplant 3, 4 ou 5 essieux, on peut atteindre des poids adhérents de 30 ou 37t.50, très-suffisants pour gravir de fortes rampes ou donner la remorque à des trains considérables. Dès lors, n'ayant nulle part de charge par essieu qui excède 7t.50, on pourra se contenter de rails de 22 kilogrammes.

Pour peu que le chemin à construire ait 20 ou 30 kilomètres de longueur, on a tout intérêt à faire cette économie qui n'amoindrit pas d'une manière sérieuse la valeur du chemin et conserve à ses communications avec les grands réseaux toutes leurs dispositions utiles. Mais, à descendre au-dessous de ces poids, on ferait une lourde faute. Les échanges de wagons chargés ne pourraient plus avoir lieu et l'on retomberait dans l'inconvénient que l'on peut reprocher aux voies étroites. Ce ne serait plus le rapprochement des rails, mais leur faiblesse, qui isolerait la nouvelle ligne. On arriverait au même résultat fâcheux par une autre route.

---

§ 6.

Poids mort et poids utile.

Ce qu'est, en réalité, l'économie de construction due à la réduction de largeur de la voie, on peut le pressentir par ce qui précède. Mais ce n'est pas, dit-on, le seul avantage des chemins à largeur réduite. Ils permettent, en outre, d'amoindrir dans une large mesure le poids des véhicules et, par suite, les transports de charges inutiles. Au compte de leurs partisans, il y aurait là quelque chose d'analogue à ce qui s'est passé quand, sur les routes, on a substitué aux monumentales guimbardes d'autrefois les légers chariots comtois. Sans accroître le poids total traîné, on a augmenté le chargement utile.

L'assimilation ne me paraît pas complétement juste, parce que les conditions dans lesquelles s'effectuent les transports sur voies de terre ou de fer ne sont pas précisément les mêmes.

Quand les routes ont été améliorées par un entretien intelligent, et que les ornières ont disparu, on a pu rendre les véhicules moins robustes et par suite moins lourds. Les entreprises de roulage ont tiré parti de cette amélioration et elles ont pu le faire d'autant plus aisément que leurs chariots se mouvaient à très-faible vitesse. Pour les diligences, il n'en a pas été de même, on a dû continuer à leur donner un excès de force. Il eût été imprudent de trop les alléger.

D'autre part, les entrepreneurs de transports n'étaient chargés ni de la construction, ni de l'entretien des routes; on le voyait même fort bien à leur prédilection pour les jantes étroites. Les frais de traction constituaient presque le seul élément de leur prix de revient. Ils avaient donc tout intérêt à les réduire à leurs dernières limites.

Autre est le cas des Compagnies de chemins de fer. Leurs transports se font à des vitesses notables, d'où nécessité d'avoir un matériel robuste que le moindre choc ne mette pas hors de service. Le prix de traction n'a pas pour elles la même importance relative et peut, dans une certaine mesure, être subordonné à l'entretien économique des véhicules et de la voie.

Quoi qu'il en soit, il convient de se rendre compte de l'importance réelle de cette réduction de poids mort dont on a fait grand bruit et que l'on attribue aux trois causes suivantes :

1° A la légèreté propre aux véhicules de la voie étroite;

2° A la moindre proportion des retours à vide;

3° A la meilleure utilisation du matériel.

En ce qui concerne le premier point, je n'ai jamais compris, je l'avoue, pourquoi les wagons de la voie étroite seraient nécessairement plus légers que les autres, eu égard à leur capacité de chargement. Le contraire m'eût paru plus naturel, et j'en donnerais, au besoin, des raisons plausibles. Mais, comme il existe de nombreux spécimens de ce matériel, le plus simple est de les comparer à celui des grandes lignes. C'est ce que je vais faire dans le tableau suivant :

DÉSIGNATION des LIGNES.	RAPPORT du POIDS DES VÉHICULES au poids utile	RAPPORT du POIDS DES VÉHICULES au poids brut total.	OBSERVATIONS:
RÉSEAU FRANÇAIS.	0.50	0.33	Voie normale de 1.44 (entre bords).
LIGNE DE MONDALAZAC . .			
Ancien matériel	0.37	0.27	Voie de 1.06.
Nouveau Matériel . . .	0.41	0.29	
ANVERS A GAND.	0.40	0.28	
FESTINIOG.	0.36	0.27	Voie de 0.60. Wagons à marchandises.
LIVONIE.	0.25	0.27	Voie de 1.06.

Ces chiffres, au premier abord, paraissent concluants; cependant il ne faudrait pas s'en exagérer la portée.

Dès l'origine, les grandes Compagnies avaient aussi un matériel plus léger que celui qu'elles possèdent actuellement. Elles l'ont depuis alourdi pour le fortifier. Toutes ont fait cette réforme sous la pression unique de leurs intérêts et en parfaite connaissance de cause. Il est probable que les Compagnies chargées d'exploiter les lignes à largeur réduite agiraient de même, au bout de quelque temps d'exploitation et pour les mêmes motifs. C'est ce qui a déjà eu lieu sur la petite ligne de Mondalazac. Les premiers wagons pesaient 1,400 kilogrammes et avaient une capacité de chargement de 3,800 kilogrammes. Sans changer leur capacité, on a élevé leur poids à 1,550 kilogrammes.

Tout me porte à croire que si les exploitants des petites lignes voient croître leur trafic et sont astreints à de plus grandes vitesses, ils ne craindront pas d'alourdir leur matériel pour le renforcer. Il leur suffira de jeter les yeux sur leur comptabilité pour reconnaître que l'entretien et les réparations d'un matériel trop léger coûtent bien plus que le transport en surcharge de quelques tonnes de poids mort. De même, si on fait des exploitations économiques avec des chemins à voie normale, et si, en vue de faibles trafics, on se borne à de faibles vitesses, rien n'empêchera de revenir aux types primitifs; n'éprouvant plus le besoin de donner une grande résistance à un matériel qui ne sera plus surmené, on le fera très-léger et on aura raison.

La différence qui ressort du tableau précédent n'a donc rien au fond d'essentiel et qui tienne spécialement à la voie étroite. Sur la voie normale on obtiendra, ou peu s'en faut, les mêmes réductions de poids mort *quand on y aura quelque intérêt.*

La proportion des retours à vide dépend, avant tout, de la nature et de la direction des courants commerciaux. La largeur de la voie, la capacité du véhicule, n'y peuvent rien.

Toute localité qui consommera beaucoup de matières pondéreuses et en produira peu, ou qui, réciproquement, expédiera beaucoup de produits au dehors et en demandera peu, donnera nécessairement lieu à des mouvements de matériel vide.

Je ne vois rien qui puisse remédier à cet inconvénient.

Ainsi, par exemple, Paris ne donne en retonr que le quart du poids des matières qu'il a reçues. Quoi qu'on fasse, les trois quarts des véhicules, voitures, bateaux, wagons qui concourent à son approvisionnement, s'en retournent à vide et cela quelles que soient leurs dimensions.

Le *Journal des travaux publics* faisait récemment (1) observer qu'en 1874, la Compagnie du Nord avait transporté 1 milliard 224,824,000 tonnes kil., et que le parcours total de ses wagons avait été de 417,699,134 kil., d'où ressortait comme moyenne un chargement *utile* de 3 tonnes. C'est peu assurément, pour un matériel qui comporte une forte proportion de wagons d'une capacité de 10 tonnes, et la Compagnie doit trouver que son matériel est bien incomplétement utilisé. Mais obtiendrait-elle un meilleur résultat en construisant des wagons de 3 mètres de capacité? Évidemment non. Lorsque quatre de ces wagons seront venus à pleine charge à Paris et qu'un seul d'entre eux s'en retournera chargé, elle aura toujours cinq chargements utiles et complets pour huit voyages, soit en moyenne 5/8 pour chacun d'eux.

M. l'ingénieur Fairlie, grand partisan des voies étroites, leur donne pour principal avantage de rendre *l'unité de capacité des véhicules aussi rapprochée que possible de l'unité moyenne de charge utile,* et il conseille de tirer parti de cette précieuse faculté.

Oui incontestablement, le conseil est bon si on peut le suivre, le but est excellent si on peut l'atteindre. Mais quoi, sur la ligne de Mondalazac, par exemple, tous les transports se font dans un sens. Le chargement utile sera donc, pour l'aller et le retour, la moitié de la capacité du wagon quelle qu'elle soit. A cela on ne peut rien.

(1) Numéro du 2 septembre 1875.

Je conviens aisément que, même dans ce cas, il est bon de ne transporter que le moins de poids mort possible C'est évident, mais je maintiens aussi que la proportion des retours à vide dépend de tout autre chose que de la largeur de la voie ou de la dimension des wagons.

Reste l'utilisation du matériel (1).

Les grosses marchandises, telles que les charbons, les bois, les pierres, les métaux, les minerais, les blés, les vins, les foins, les engrais, se transportent en général à pleine charge et utilisent complétement la capacité de leurs véhicules. Comme elles constituent la grande masse des transports, on doit reconnaître que, sauf les retours à vide dont nous venons de parler, le fait de non-utilisation du matériel transporté ne saurait avoir une très-grande importance. Il existe cependant, en dépit des efforts et de l'habileté des exploitants. Quand, dans un délai fixe, on est tenu de rendre à une gare intermédiaire une tonne de marchandises, il faut bien y consacrer un wagon, lequel ne porte que cette tonne si d'autres marchandises n'ont pas la même destination. Mais on doit, à ce sujet, faire observer que les grandes Compagnies possèdent, en même temps que les wagons de dix tonnes consacrés aux grands transports, d'autres wagons de cinq et six tonnes qu'elles emploient de préférence en pareil cas. Toutefois, malgré cette atténuation, l'inconvénient est réel et l'on n'y voit d'autre remède que l'allongement des délais d'expédition, qui permettrait d'attendre d'autres marchandises pour compléter le chargement du wagon incomplétement utilisé.

Les wagons de trois tonnes des chemins à petite voie vaudraient assurément mieux pour ce cas spécial. Seulement, ils auraiont aussi

(1) M. Fairlie fait observer à ce sujet que nos Compagnies françaises, plus libres vis-à-vis du public, utilisent mieux leur matériel que les Compagnies anglaises ou américaines. C'est, suivant lui, une des conséquences du *monopole de fait* dont elles jouissent.

leur côté faible. Car enfin, si au lieu d'une tonne on veut en expédier quatre, il faudra y consacrer avec la voie étroite deux wagons de trois tonnes, soit une capacité de six tonnes au lieu de cinq que fournirait le wagon de la grande voie. Ce n'est pas tout : pour les pierres, les machines et autres objets qui, par masses indivisibles, pèsent plus de trois tonnes, le matériel de la petite voie serait d'un emploi moins commode que celui de la grande. On reconnaît donc, à y regarder de près, que l'avantage de la petite voie n'est pas, sous ce rapport, exempt de quelques inconvénients et qu'il ne saurait, dans tous les cas, avoir la portée économique qu'on veut lui assigner.

Mais prenons les choses à un autre point de vue. Mettons tout au mieux pour les chemins à largeur réduite, tout au pis pour les autres, et supposons avec M. Varroy que les rapports du poids mort au poids brut à pleine charge soient respectivement de 0.25 et 0.35; les rapports du chargement moyen à la capacité totale, de 0.60 et de 0.50; les parcours à vide restant des deux côtés fixés au tiers du parcours total. Nous reconnaîtrons que l'on transportera sur la voie normale 1^{t}.50 de poids mort et sur l'autre 0^{t}.833 seulement pour une tonne de poids utile. Ce résultat, comme les hypothèses dont nous sommes partis, dépasse de beaucoup la réalité. Voyons cependant à quelles conséquences économiques il conduit.

Les frais de transport des marchandises se composent de divers éléments : *construction et entretien du matériel roulant, service et personnel des gares, entretien de la voie, amortissement des capitaux et frais généraux, et enfin traction.* Sauf en ce dernier point, on ne voit pas trop comment l'excédant de poids mort pourrait accroître sérieusement les dépenses de l'exploitation. Les manutentions des marchandises restent les mêmes. L'entretien du matériel est moins coûteux, parce que ce matériel est plus robuste. L'entretien de la voie est surtout nécessité par les transports rapides. Je crois donc que l'on ne s'éloigne pas beaucoup de la vérité en faisant porter sur la *traction seule* l'aggravation du prix de transport. Or, la traction ne paraît pas coûter plus d'un *centime* par chaque tonne utile, y compris naturellement son lest de poids mort. Si on réduisait ce lest aux proportions que nous avons indiquées pour les petites lignes, le prix de la traction se trouverait réduit de $0.01 \times \frac{0.66}{2.50}$ ou de centime 0.25, soit environ 4 pour 100 du prix moyen de transport des marchandises à la tonne.

Cette réduction répétée sur 100 kilomètres équivaudrait au prix d'*un transbordement unique.*

Voilà, même en l'exagérant comme nous l'avons fait, le résultat de cet excès de poids mort que l'on reproche à la voie normale. Il n'a rien de bien grave. Très-probablement il est largement racheté par l'économie d'entretien du matériel et sa plus longue durée. Tout porte à croire que sur ce point les grandes Cpmpagnies ont fait un sage calcul et que sur les voies étroites on opérera de même quand le trafic s'y développera.

Suivant moi, la conclusion à tirer de tout ceci, c'est que l'on a beaucoup trop généralisé des faits particuliers et que l'on a eu tort de leur donner une importance que la discussion sérieuse leur refuse absolument.

---

§ 7.

Du transbordement.

Dès l'origine, en Angleterre, comme aujourd'hui encore en Amérique, on construisit des chemins de fer sans beaucoup se préoccuper de leur largeur. Chaque ingénieur en renom put aisément imposer ses préférences à ses actionnaires et l'on arriva à employer, sur le sol de la Grande-Bretagne, jusqu'à *sept types différents.* Tant que ces chemins restèrent isolés, le mal ne fut pas grand ; nul ne s'en aperçut ou ne s'en plaignit. Mais vint un jour, ce fut en 1844, où deux voies inégales se rencontrèrent pour la première fois (à Glocester). On vit alors l'énorme faute qui avait été commise et l'émoi fut grand dans le monde industriel. Personne ne songea, par un amour-propre déplacé, à chercher des excuses. M. Windham Harding put déclarer, sans être contredit, que cette discontinuité de largeur (Break of gauge) *suffisait à elle seule pour amoindrir de moitié les avantages des chemins de fer.* On fut bien vite fixé sur l'insuffisance des palliatifs et avec leur énergie accoutumée les Anglais rétablirent dans leur réseau cette précieuse unité dont ils avaient tardivement compris l'importance.

Cependant la question se représenta de nouveau à l'occasion du réseau des Indes orientales, mais, on doit le reconnaître, dans des circonstances réellement différentes. On voulut bien admettre dans l'immense empire Indien l'existence d'un second type, en affirmant toutefois, par la voie du rapporteur près du gouvernement, que pour autant on ne méconnaissait pas les inconvénients du transbordement et qu'on le regardait comme l'équivalent d'un allongement de 30 kilomètres dans le parcours (1). Trente kilomètres, c'est peut-être beau-

(1) L'*Indian Branch Railway,* construit à la voie de 1m.22, après deux an-

coup, et je ne vois rien qui justifie absolument cette évaluation. Mais on ne saurait nier la réalité et la gravité du dommage que cause le transbordement. L'Administration elle-même les reconnaît, puisque dans l'exposé des motifs du projet de loi relatif à de nouvelles concessions à la Compagnie de l'Ouest (n° 3382), elle s'en autorise pour demander l'exécution d'un embranchement de Harfleur à Montivilliers (1) dont la dépense pour 4 kilomètres ne sera pas au-dessous de 1,500,000 francs.

De leur côté, les commerçants et les industriels ont une aversion très-prononcée contre les transbordements et donnent toujours, à prix égal, la préférence aux voies de transport qui peuvent rendre leurs produits à destination sans rompre charge.

Tout ceci paraît concluant et cependant les partisans des chemins à largeur réduite ne s'en effrayent pas outre mesure. Ils font observer d'abord que toute marchandise transportée par chemin de fer subit nécessairement deux transbordements, l'un de l'expéditeur à la gare du départ, l'autre de la gare d'arrivée au destinataire. Oui; mais, en vérité, si deux transbordements sont inévitables, pourquoi en ajouter un troisième que l'on peut éviter?

Ils disent encore que le transbordement est entré dans la pratique courante des chemins de fer et que le quart environ des marchandises qui circulent y est assujetti. Soit, mais est-ce bien dans l'intérêt du public que l'on opère ainsi? Ne peut-on reconnaître, au contraire, dans cette pratique la cause principale des retards, avaries et détournements dont le commerce se plaint si vivement? — On doit ajouter que les Compagnies elles-mêmes n'y trouvent pas toujours leur compte, puisque en somme elles exonèrent du transbordement les trois quarts de leur trafic marchandises. Cette sélection qu'elles peuvent faire aujourd'hui ne sera plus possible avec le changement de largeur des

nées et demie d'exploitation, a été ramené à la largeur commune du réseau auquel elle appartient.

(1) Voir pièce annexe C.

voies. Le transbordement devra atteindre tout le trafic. De *facultatif* il deviendra *obligatoire* et ce point constitue déjà, à mon avis, une différence essentielle.

On comprend très-bien qu'une petite Compagnie ne se soucie pas de laisser disperser son matériel sur toutes les lignes d'un grand réseau et que les grandes Compagnies craignent d'introduire dans leurs trains des wagons dont elles peuvent suspecter la solidité ou le bon état d'entretien. On comprend également qu'avant de prendre charge des marchandises que lui remet sa voisine, une Compagnie veuille en faire la vérification. Tout ceci donne au fait du transbordement une cause légitime et une explication plausible. Mais on serait assurément tout aussi près de la vérité en affirmant que ce fait a pour cause essentielle les relations très-tendues des Compagnies entre elles et spécialement le mauvais vouloir des grandes Compagnies à l'endroit des petites. On peut affirmer également que les intérêts du public y sont absolument étrangers et ont fréquemment à en souffrir. Mais le jour où les Compagnies comprendront qu'elles doivent sacrifier leur animosités aux intérêts du pays, lorsqu'elles seront décidées à vivre à peu près en bonne intelligence entre elles, elles trouveront mille moyens de supprimer bien des transbordements dont elles affirment aujourd'hui la nécessité. A cette évolution elles ne perdront rien, bien s'en faut. Leur service sera simplifié, les marchandises ne séjourneront plus aussi longtemps dans leurs gares et ne seront plus aussi exposées aux atteintes des voleurs. De là bien des procès et des indemnités de moins. Il y aurait sur ce point un curieux relevé à faire des dépenses occasionnées par les actions judiciaires intentées aux Compagnies. Si je ne me trompe, le chiffre en est fort élevé et suffit à indiquer que la marche suivie jusqu'à ce jour n'est vraiment pas la meilleure.

Si l'on cherche à se rendre compte du coût réel du transbordement, on trouve qu'il s'élève, sur le chemin américain de Jaumont :

Moellons et pierre de taille, à . . . . fr. 0.10 la tonne.

A Salles-la-Source (minerais de fer), à . . . . fr. 0.17 la tonne.
Id. la station de Lockeren (chemin d'Anvers à Gand); marchandises diverses . . . . environ. 0.32
Sur le chemin qui dessert les charbonnages de Hornu; non compris le déchet . . . . id. 0.36
Sur les divers chemins du réseau français, entre compagnies . . . . id. 0.35

On peut donc l'évaluer approximativement :

Pour les marchandises telles que les pierres et minerais, de . . . . id. 0.10 à 0.20
Pour les marchandises courantes. . . . . id. 0.25 à 0.35
Pour la houille et les produits analogues . . . . id. 0.35 à 0.40

Mais ces prix, qui étonnent au premier abord par leur modicité, donnent lieu à quelques observations.

Tout d'abord, il faut bien reconnaître que les dépenses dont il s'agit, constituées pour la presque totalité par des salaires d'ouvriers, s'accroîtront avec le prix de la main d'œuvre et seront probablement doublées avant trente ans. On ne saurait donc, en principe, tirer aucun argument durable de leur faiblesse actuelle. De plus, on n'a tenu compte dans ce qui précède que du simple échange d'un wagon à un autre. Mais est-ce bien ainsi que les choses se passeront réellement? Pour que cet échange ait toujours lieu, il faudra que les wagons chargés trouvent toujours à leur arrivée en gare des wagons vides en suffisante quantité. Sinon, leur chargement sera déposé sur les quais, pour être ensuite repris et la manœuvre se doublera ainsi que la dépense. Si l'on veut éviter cette fâcheuse augmentation de frais, il faudra accroître dans une notable mesure tout le matériel roulant disponible, ce qui ne laissera pas que de coûter encore fort cher. Bref, on se trouvera dans cette désagréable alternative d'avoir beaucoup à dépenser d'un côté pour éviter de dépenser beaucoup de l'autre et en fait, suivant toute probabilité, l'augmentation du matériel roulant à laquelle on se résignera n'évitera pas, dans bien des cas, la double manœuvre du transbordement.

On n'a évidemment tenu compte dans les chiffres qui précèdent ni de l'éventualité de cette décharge et recharge, ni de l'accroissement du matériel roulant, ni des suppléments de voies, d'emplacements, d'outillage nécessaires dans les gares où le transbordement s'effectuera. On n'a considéré que le petit côté de la question et on n'a montré de la dépense que ce que l'on n'en pouvait dissimuler. Les besoins de la cause l'exigeaient; mais ceci explique comment des hommes fort autorisés évaluent si haut une dépense que d'autres cotent si bas.

L'extension systématique de ce fâcheux système de transbordement, son application à toutes les lignes d'intérêt local, suscite bien d'autres réflexions. Qu'on chiffre par la pensée le nombre de tonnes de marchandises qui subiront cette manutention inutile, les frais dont elle grèvera le commerce, les bras qu'elle détournera du travail productif et l'on reconnaîtra aisément que ce n'est guère par ce moyen que l'on aidera le pays à reconstituer son capital.

De tout ce qui précède je crois pouvoir conclure que le *transbordement obligatoire,* tel qu'il résultera de la diversité des largeurs de voies, est bien réellement un inconvénient très-sérieux. On serait vraiment tenté de répéter, avec M. Harding, qu'il amoindrira de moitié les avantages des voies ferrées, au moins en ce qui concerne les petites lignes sur lesquelles il pèsera plus particulièrement.

§ 8.

Autres conséquences du changement de voie.

Mais le transbordement forcé n'est pas le seul inconvénient qui résulte de l'adoption d'une nouvelle largeur de voie. Beaucoup d'autres apparaissent quand on y regarde de près et ne semblent guère moins dommageables.

Ainsi, la séparation forcée des gares qui desserviront les diverses lignes.

Même avec la voie normale, cette séparation n'est pas un fait exceptionnel, il en existe bien des exemples que je pourrais citer. Mais, si communs qu'ils soient, ils n'en constituent pas moins, au point de vue économique, une très-grosse faute et, au point de vue des relations, une gêne considérable pour le public, qui ne sera certainement pas longtemps avant de s'en apercevoir.

Actuellement cette séparation prend son origine dans les rapports très-tendus des Compagnies entre elles et spécialement dans le mauvais vouloir des grandes Compagnies à l'endroit des petites.

Très-souvent les anciennes Compagnies ne se soucient pas d'accorder aux nouvelles l'hospitalité de leurs gares, et quand elles s'y décident, elles leur imposent des conditions intolérables par leur excès. En général, elles leur appliquent la règle dite *des branches,* en vertu de laquelle les dépenses de la première construction et de l'exploitation sont réparties au prorata *des lignes ou branches* qui aboutissent à une gare. On corrige bien un peu, en tenant compte de la proportion des essieux en circulation, la sévérité de cette règle; mais son principe n'en reste pas moins vicieux. En effet, si le partage des dépenses de construction et d'exploitation paraît équitable, ces dépenses elles-mêmes sont excessives. Qu'on en prenne le quart ou le cinquième, ce sera toujours une charge hors de toute proportion avec le modeste trafic d'une petite ligne. Ce n'est pas tout : naturellement chargées de l'exploitation des gares communes, les grandes Compagnies ne la gèrent pas toujours au mieux des intérêts de leurs petites associées, du moins celles-ci s'en plaignent amèrement, et il n'est pas sans exemple que les tribunaux aient eu à intervenir pour réprimer certaines incorrections de cette gestion commune. Toujours est-il que, rebutées par le haut prix et les dangers de la communauté des gares, les petites Compagnies sont souvent amenées à en construire de nouvelles, spécialement pour leur usage; mais elles ne le font que contraintes et forcées, sachant parfaitement qu'elles auront toujours à engager dans ces constructions des capitaux considérables, dont elles ne sont jamais trop bien pourvues au début. Les grandes Compagnies y perdent, de leur côté, le loyer de leurs établissements et une réduction notable de leurs frais de personnel.

Tous ceux qui ont affaire aux chemins de fer souffrent de cette séparation, qui multiplie les camionnages et les courses. Enfin, la richesse publique se trouve amoindrie quand on crée deux établissements pour des services auxquels un seul aurait suffi. Cet amoindrissement de la fortune publique n'est pas une simple conception théorique, il se traduit immédiatement en un fait dommageable; car enfin il faut bien que quelqu'un paye le surcroît des frais qui ont été faits, et ce quelqu'un, c'est le public. Le prix du transport en est accru d'autant.

A quelque point de vue qu'on l'envisage, cette multiplicité des gares est une grosse faute économique, mais elle tient actuellement à des causes accidentelles et qui heureusement seront passagères. La passion n'aveuglera pas toujours les grandes Compagnies sur leurs devoirs vis-à-vis du public et sur leurs intérêts. La voix de la raison finira par se faire entendre et, à son défaut, l'opinion et les pouvoirs publics sauront bien un jour mettre fin à tous ces abus.

Mais avec le changement dans la largeur de la voie, il n'en sera pas de même. La séparation des gares, si dommageable qu'elle puisse être pour la fortune publique, deviendra une nécessité à laquelle aucune puissance ne pourra nous soustraire. Il faudra autant de gares séparées qu'il y aura de types de voies différents aboutissant au même point : l'opinion et les pouvoirs publics n'y pourront rien.

Naturellement c'est la configuration du sol qui détermine les points où les lignes secondaires s'embranchent sur les autres. Un chemin dessert une vallée secondaire, c'est à son débouché dans la vallée principale qu'il se soude au chemin qui suit cette dernière et de là il se rend, par les rails de la grande Compagnie, jusqu'à sa destination éloignée quelquefois de plusieurs kilomètres. En empruntant cette partie de la voie déjà faite, il économise des dépenses immédiates de construction, et l'autre Compagnie perçoit, sous forme de péage (60 pour 100 environ du prix du transport), une rémunération pour le loyer de ses rails. Chacune des deux Compagnies y trouve donc son compte, et le public plus encore, qui peut, en partant de toutes les stations de l'ancienne ligne, se diriger vers l'autre.

Avec le même type de voie, ce parcours commun est possible; il a déjà économisé la construction de bien des centaines de kilomètres. Avec de nouvelles largeurs, il devient impraticable et le chemin secondaire est obligé d'abandonner voyageurs et marchandises à l'embranchement, c'est-à-dire à quelques kilomètres de leur destination, ou de construire une nouvelle ligne à côté de l'ancienne, sans parler de la nouvelle gare terminus dont il vient d'être fait mention précédemment.

Si bien qu'il soit construit, le matériel s'use et se détériore; il a besoin d'entretien et de réparations. Il faut d'ailleurs, toujours compter avec l'inévitable chapitre des accidents. Aussi les grands réseaux ont leurs ateliers de réparation, ateliers qui desservent toute une région. Mais une petite ligne de 50 ou 60 kilomètres ne peut guère se donner ces utiles accessoires; si elle est établie avec la voie normale, elle enverra son matériel hors de service aux ateliers les plus rapprochés et demandera qu'on le répare. Si chèrement qu'on lui fasse payer cette réparation, cela vaudra encore mieux pour elle que d'être obligée de construire, à cet effet, des ateliers spéciaux. Lorsque la voie sera différente, il n'en pourra plus être de même et la Compagnie sera forcée de le faire parvenir comme colis et sur des trucs aux ateliers où on pourra le réparer. Encore faut-il ajouter, qu'en raison du changement de largeur, les réparations présenteront des difficultés sérieuses et exigeront quelquefois un outillage particulier.

Enfin, au lieu de se constituer un matériel spécial, les petites Compagnies pourront emprunter celui des grandes Compagnies, passer même avec elles des marchés de traction, ou mieux encore d'exploitation. Elles y trouveront évidemment leur compte; mais les grandes Compagnies seront loin d'y perdre, car elles parviendront ainsi, en temps ordinaire, à utiliser un matériel et un personnel souvent surabondants et, en temps de crise, elles pourront se servir à leur tour du matériel des petites lignes. En somme, si une petite Compagnie a besoin de 100 wagons et de six machines pour desservir un embranchement, une grande Compagnie, sûre d'avoir des réserves disponibles, pourra ne consacrer spécialement à ce service que quatre machines et soixante wagons, le reste étant, à l'occasion, emprunté à son grand réseau. Il importe même de remarquer, à ce sujet, que les moments de presse ne se déclarent pas tous aux mêmes époques et qu'ils se compensent en une moyenne générale sur les diverses lignes.

A l'appui des observations qui précèdent, je pourrais citer l'exemple de nombre de lignes d'intérêt local qui, avec la voie normale, ont pu être construites et exploitées sagement, qui rendent de très-réels services et qui, avec la voie réduite, ne pourraient être ni raisonnablement entreprises ni convenablement exploitées.

§ 9.

Des voies étroites au point de vue stratégique et administratif.

Un des tristes résultats de nos dernières défaites, est la nécessité où nous nous trouvons aujourd'hui de ne faire aucun travail sans nous préoccuper des conséquences qu'il pourrait avoir pour nous en cas de guerre. Ponts, routes, canaux et surtout chemins de fer, doivent être examinés à ce point de vue, et nous devons toujours nous demander avant de construire un ouvrage, quelque utile qu'il puisse être pour le développement de la richesse publique, s'il est de nature à accroître ou à amoindrir nos moyens de défense, en un mot, s'il ne peut avoir dans certaines éventualités une importance stratégique. Je sais que l'on a grandement abusé des considérations de cet ordre, sans toujours bien s'entendre sur la valeur des mots et des choses. Mais, enfin, il est certain que notre préoccupation à cet endroit, pour grande qu'elle soit, est légitime. Elle l'est surtout au sujet des chemins de fer, car les derniers événements ont montré quelle influence ils peuvent exercer sur la rapidité des concentrations de troupes et, par suite, sur le succès des opérations militaires.

A ce point de vue, il n'est pas sans intérêt de rechercher la valeur de l'innovation que l'on propose d'introduire dans notre réseau.

Un chemin à voie de 1m.10 de largeur sera-t-il aussi propre qu'un chemin à voie normale au transport des troupes et du matériel de guerre? Je ne saurais l'admettre. Il n'aura pas la même puissance et ne pourra pas être aussi bien approprié au transport de la cavalerie, de l'artillerie et des équipages. Je doute même que les partisans les plus fanatiques de la voie étroite puissent, à cet endroit, se faire illusion. Mais, alors même qu'elle posséderait une égale valeur intrinsèque, sa valeur relative, je veux dire le rôle qu'elle peut jouer et les services qu'elle peut rendre, se trouverait encore singulièrement amoindrie. La nécessité de transborder à la rencontre de toutes les lignes des grands réseaux constituerait à elle seule une impossibilité de service militaire. En guerre on a besoin d'aller vite et surtout d'aller avec ordre et méthode, et l'on ne saurait admettre que les chargements que l'on a soigneusement arrimés dans des wagons doivent, au bout de quelques heures de marche, être déchargés et repris. C'est déjà grave pour les hommes, mais pour les chevaux, pour les canons, cela devient une grosse gêne, pour les poudres et les cartouches, un véritable danger. On hésitera, avec raison, à utiliser les voies étroites sur une faible longueur et on leur préférera les routes de terre.

Cette circonstance peut même donner lieu aux plus déplorables erreurs : si l'on n'a pas soin de spécifier, sur les cartes de l'état-major, la largeur des chemins de fer indiqués, on pourra regarder comme étant en pleine communication des voies qui seront séparées par l'obstacle d'un transbordement, et un pareil malentendu peut avoir les conséquences les plus graves.

Enfin, en cas de guerre, on n'a pas toujours le temps et les moyens de réparer le matériel surmené ou avarié. Il faut le remplacer par du matériel emprunté aux réseaux plus éloignés du théâtre de l'action. Sous ce rapport, toutes les lignes de nos grands réseaux peuvent apporter un utile appoint à la défense du pays. Seuls les chemins à voies étroites ne nous seront d'aucune utilité et leur matériel, si complet, si bien disposé qu'il puisse être, ne pourra même pas arriver près du théâtre de l'action. De telle sorte que si, comme l'Administration paraît y pousser, on achève notre réseau national avec des lignes à voie étroite, il faut compter que leur matériel ne nous sera d'aucun secours en cas de conflit.

Ces considérations stratégiques, empruntées au simple bon sens, nous paraissent en ce moment avoir quelque valeur.

A un autre point de vue encore, l'introduction de nouveaux types de chemins de fer peut avoir des inconvénients. Certainement, un jour et plus tôt peut-être qu'on ne le pense, on sera amené à remanier la répartition de nos voies ferrées entre les diverses Compagnies et probablement à réunir au réseau d'intérêt général une partie des lignes départementales. Cette opération peut se concilier avec le respect le plus absolu des intérêts privés. On devra alléger certaines Compagnies devenues trop étendues, en fortifier d'autres, et les mettre toutes en mesure de mieux desservir les régions qu'elles occupent. Si nous n'avons qu'un type de voies, ce remaniement peut se faire assez facilement; mais, avec des types variés, il deviendra laborieux et presque impossible.

Ce point est encore à noter.

---

§ 10.

Prix comparés des chemins à voie réduite et à voie normale.

Le besoin si généralement ressenti d'avoir des chemins de fer, et le haut prix auquel notre réseau a été établi, ont conduit beaucoup de bons esprits à rechercher les améliorations que peut comporter le système de construction adopté jusqu'à ce jour. On s'est demandé si, en sacrifiant quelques détails accessoires, en renonçant aux grandes vitesses qui, pour les chemins d'intérêt local, n'ont vraiment pas une sérieuse utilité, on ne pourrait pas faire des trafics d'une importance secondaire et cependant rémunérer les capitaux engagés. Cette recherche est naturelle, légitime; mais ce qui l'est moins, c'est la manière dont, en général, la discussion a été conduite.

D'une part en effet, on prend, comme terme de comparaison pour la voie étroite, des chemins à courbes roides, sans clôtures, sans barrières, sans ponts par-dessus ou par-dessous, quelquefois même sans station. On suppose à ces chemins des rails très-faibles; le matériel roulant est ramené aux dernières limites de la légèreté et, par suite, de la faiblesse. On construit ainsi, par la pensée, un instrument de transport fort médiocre dont on chiffre le coût au plus bas. C'est, par kilomètre, 70,000 francs, 60,000 francs, voire 50,000 francs, suivant la bonne volonté que l'on y met.

En regard, on place ensuite le chemin à voie normale, tel qu'il résulte des prescriptions de la loi du 15 juillet 1845 et des conditions parfois excessives de nos cahiers des charges : rayon de 350 mètres au minimum, clôtures continues, ponts par-dessus ou par-dessous à la rencontre de presque toutes les voies de terre, barrières et maisons de garde pour les passages à niveau. Les rails sont lourds, le matériel robuste comme il convient à des chemins de grande vitesse et de fort trafic. On évalue le tout, non pas aux prix auxquels nous reviennent aujourd'hui les chemins à une voie, c'est-à-dire de 100 à 120,000 francs le kilomètre, mais aux prix exorbitants auxquels l'inexpérience, la spéculation et quelquefois pis encore, ont fait ressortir nos anciennes lignes. Puis on dit au public : *Voyez et jugez!* ou bien on s'écrie avec l'ingénieur anglais, M. Fairlie : *Aurons-nous ou n'aurons-nous pas de chemins de fer?* Question au moins singulière dans un pays qui possède un si puissant réseau et qui sait ce que coûte la diversité des largeurs de voies.

Pour moi, tout en tenant ces sortes de discussions pour très-utiles, je ne saurais admettre, comme sérieuses et probantes, que les comparaisons qui portent sur des situations similaires. Ainsi quand, d'un côté, pour les chemins à voie réduite, on calcule presque au centimètre la largeur des emprises et la longueur des ouvrages d'art, je ne saurais admettre que, de l'autre, on impose aux chemins à voie normale l'achat des terrains et l'exécution des ouvrages d'art pour deux voies. Si, d'un côté, on admet, qu'en raison de la faiblesse des vitesses et du trafic, la voie réduite puisse être tracée avec des rayons de 100 mètres, on doit, ce me semble, tolérer pour la voie normale les rayons de 150 mètres qui sont équivalents pour semblable exploitation et très-pratiquement acceptables [1].

Il va sans dire qu'il ne saurait être question d'un côté plus que de l'autre d'établir des clôtures, barrières, stations somptueuses ou très-multipliées. Si l'on peut s'en passer pour les chemins à voies étroites elles ne sont pas davantage nécessaires pour les autres.

La voie normale comporte aussi des rails et un matériel légers. On devra également ne pas l'oublier.

C'est ainsi qu'une comparaison pourra être honnêtement et utilement

(1) Le chemin de Steierdorf (Banat), établi à la largeur normale de $1^{m}.44$, compte de très-nombreuses courbes de 114 mètres de rayon.

faite. C'est ainsi que M. Varroy a procédé dans sa remarquable brochure intitulée : *Note sur les chemins de fer départementaux ou d'intérêt local.* Son travail est, suivant moi, un véritable modèle de fine et puissante analyse, et je suis heureux de lui emprunter quelques formules et quelques chiffres.

Dans les conditions précitées, comparant deux chemins à voie unique, l'un à l'écartement de $1^m.10$, l'autre à l'écartement de $1^m.50$, destinés tous deux à un faible trafic et à de faibles vitesses, construits économiquement et avec les tolérances correspondantes de courbes et de rails, M. Varroy évalue en capital à 1,600 francs par kilomètre l'excédant màximum des dépenses d'infrastructure qui incomberont à la charge de la voie normale.

Il calcule, ensuite, la différence des frais annuels d'exploitation, d'après deux formules qui tiennent compte des divers éléments de la dépense [1]. En appliquant ces formules et supposant que tout le trafic transporté n'aurait, en aucun cas, à subir de transbordement, ce qui est évidemment la supposition la plus favorable aux chemins à voies étroites, il arrive aux résultats consignés dans le tableau suivant.

(1) Pour des chemins à pente *maxima* de 10 et 20 millimètres, ces formules sont :

$$\left\{ \begin{array}{l} 90 - \left(\dfrac{190\,f - 75}{k} - 1.10 \right) T \\ 108 - \left(\dfrac{190\,f - 79}{k} - 1.94 \right) T \end{array} \right\}$$

dans lesquelles T est le tonnage journalier, K la longueur en kilomètres, et F la fraction du tonnage total que le changement de voie assujettit au transbordement.

LONGUEUR de l'embranchement	TRAFIC		PENTES	ÉCONOMIES			OBSERVATIONS.
	Annuel.	Journalier.		sur l'infrastructure	sur l'exploitation.	Totales.	
Kilom.	Tonnes.	Tonnes.	Millim.	Francs.	Francs.	Francs.	
20.00	15.000	41	0.10	96.00	177.00	273.00	
id.	25.000	68	0.10	96.00	294.00	390.00	
id.	35.000	96	0.10	96.00	415.00	511.00	
id.	15.000	41	0.20	96.00	241.00	347.00	
id.	25.000	68	0.20	96.00	400.00	496.00	
id.	35.000	96	0.20	96.00	585.00	681.00	
30.00	15.000	41	0.10	96.00	217.00	313.00	
id.	25.000	68	0.10	96.00	360.00	456.00	
id.	35.000	96	0.10	96.00	509.00	605.00	
id.	15.000	41	0.20	96.00	187.00	283.00	
id.	25.000	68	0.20	96.00	310.00	406.00	
id.	35.000	96	0.20	96.00	438.00	534.00	

Ce tableau montre que l'économie annuelle résultant de la réduction de largeur de la voie n'atteint pas 700 francs par kilomètre dans l'hypothèse excessive où l'on s'est placé, c'est-à-dire quand il s'agit d'un chemin de fer isolé de notre réseau actuel. Mais je dois faire observer avec M. Varroy, dont j'emprunte ici textuellement les paroles, « *que cette économie ne réside pas précisément dans l'écartement même de la voie,* qui n'y entrerait guère que pour une somme » à peu près fixe de 54 francs, mais bien plutôt dans la réduction du » poids mort roulant, réduction qui tient à l'emploi d'un matériel » exclusivement spécial et qu'on obtiendrait tout aussi bien avec la » voie de 1m.50 qu'avec une voie étroite. Rappelons aussi que l'hy» pothèse de la réduction du poids mort, que nous avons admise avec » un matériel spécial de wagonnets, est contestable, et que, si elle est

» réalisable pour des chemins à traction de chevaux, elle pourrait fort » bien être démentie par l'expérience, dès que l'on emploiera des lo» comotives. »

Mais, en admettant que ces réductions de poids du matériel supportent l'épreuve de l'expérience et que l'on ne soit pas amené avec les voies étroites, comme on l'a été avec la voie normale, à rendre les wagons plus robustes et par suite plus pesants, on serait encore forcé de reconnaître que dès qu'il ne s'agira plus d'un embranchement isolé, mais d'une ligne rattachée au reste du réseau, en recevant et y apportant des marchandises, dès l'instant enfin qu'il y aura un transbordement obligé, l'avantage de la voie étroite se réduira. Il deviendra même à peine sensible quand la proportion des marchandises à transborder atteindra 75 pour 100. Or, cette proportion paraît faible si l'on réfléchit que les matières lourdes et encombrantes destinées à circuler sur nos embranchements, les houilles, les minerais de fer, les pyrites, les bois, les céréales, les foins, les bestiaux, seront presque en totalité versées d'une ligne sur l'autre à la gare de raccordement, à cause de l'éloignement des lieux de provenance et de destination.

Ces divers résultats contredisent si complétement les affirmations des partisans de la voie étroite, que je crois bon de discuter les divers éléments du prix d'établissement des chemins de fer. C'est ce que je vais faire.

---

§ 11.

Examen des divers éléments de la dépense de construction.

J'ai montré précédemment que dans les conditions de vitesse et de trafic où l'on se place pour les chemins économiques, on pourrait, sans inconvénients sérieux, fixer à 150 mètres le *minimum de rayon* des courbes de la voie normale. J'ai ajouté que cette tolérance serait, en général, suffisante pour permettre de réduire les dépenses de l'infrastructure à peu près à leur minimum. Les cas où l'on serait forcé de descendre au-dessous de cette limite de courbure sont, en réalité, très-rares, et je ne crois pas qu'il y ait vraiment lieu de s'en préoccuper d'une manière générale. J'admets donc, dans ce qui va suivre, que les *chemins de fer économiques* pourront, *quelle que soit leur largeur de voie,* être tracés avec des courbes de 150 mètres de rayon, et je vais examiner quelle serait, dans ce cas, l'économie que l'on pourrait obtenir en substituant la voie de 1 mètre à la voie normale. A cet effet, je passe en revue les divers éléments de la construction.

FRAIS D'ÉTUDES, DE PERSONNEL ET D'ADMINISTRATION.

On ne saurait, de ce chef, trouver aucune différence entre les deux types. Administration, surveillance des travaux, tracés et projets, exigeront le même personnel et les mêmes soins. Je dirai plus, c'est qu'en ce qui concerne les études, il n'y a vraiment pas d'économies à faire. On ne peut guère aujourd'hui obtenir de sérieuses réductions de dépenses qu'en s'astreignant aux recherches les plus minutieuses sur le terrain et dans le cabinet.

ACQUISITION DE TERRAINS.

Sous ce titre, je range naturellement les levées de plans parcellaires, extraits des matrices cadastrales, tableaux indicatifs, bornage, plan terrier, comme aussi les frais d'expropriation, d'achats amiables, de contrats et de purges d'hypothèques. Rien de tout cela ne varie avec la largeur de la voie, au moins dans les conditions où nous nous trouvons.

En ce qui concerne l'emprise, il faut mettre à part ce qui est nécessaire pour les francs bords, fossés, clôtures, chemins latéraux, détournements de routes et de ruisseaux. Cette partie indépendante de la largeur de la voie constitue une quantité constante. Il n'y a de réellement variable, d'une voie à l'autre, que la largeur de la plate-forme. Pour la voie normale, elle exige 0.50 de plus que pour la voie de 1 mètre, soit par kilomètre, 5 ares.

Au sujet du prix, on peut faire encore une observation analogue à celle qui précède. L'indemnité est constituée d'abord par la valeur vénale du terrain sur laquelle on est rarement bien en désaccord, puis par les dépréciations qui constituent le chapitre particulièrement redouté des expropriants. Ces dépréciations sont constituées par le morcellement, les allongements de parcours, les sujétions diverses, et ne varient pas suivant la largeur. On peut même dire, sans trop d'exagération, et je l'ai entendu répéter plus d'une fois, que les dépréciations resteraient les mêmes si l'on se bornait à tendre dans l'axe de la voie un fil infranchissable comme la voie elle-même.

Les dépréciations écartées, il ne reste donc comme accroissement de dépenses que l'augmentation d'emprise, soit par mètre courant, $0^{m}.50$, et par kilomètre, 5 ares, qui, au prix fort convenable de 50 francs l'are, donnent ci. . . . . fr. 250

TERRASSEMEMTS ET OUVRAGES D'ART.

Dans les conditions précédemment indiquées, le tracé étant le même en plan et en profil, il suffit, pour passer de la voie normale à la voie étroite, de réduire de $0^m.50$ la plate-forme et de la ramener de 5 à $4^m.50$; mais la réduction des dépenses de l'infrastructure n'est pas, bien s'en faut, proportionnelle à ces chiffres.

Si, en effet, on veut bien considérer que les fossés, talus, etc., restent les mêmes dans les deux cas, et si l'on compare les sections des déblais, on reconnaîtra qu'en général la réduction variera jusqu'aux hauteurs de 6 mètres, entre 6 et 4 pour 100, soit en moyenne 5 pour 100. Cependant, pour tenir compte de toutes les éventualités, j'adopterai le chiffre de 10 pour 100.

Les têtes des ponts par-dessous constituent la principale dépense et restent les mêmes, quelle que soit la largeur de la voie. Le corps seul de ces sortes d'ouvrages sera réduit d'un sixième environ, en passant de la voie normale à la voie étroite. D'où résulte, en définitive, une réduction de 8 pour 100 sur l'ensemble. Mais je la porte à 10 pour 100, pour tenir compte de toutes les éventualités, et je l'applique également aux ouvrages par-dessus.

C'est donc en somme 10 pour 100 à déduire du montant des terrassements et ouvrages d'art, lequel peut être très-raisonnablement chiffré en moyenne, à 25,000.

L'économie ci-dessus indiquée s'éleverait donc à, ci. fr. 2,500

BALLAST.

Une réduction de $0^m.50$ dans la largeur d'une couche de ballast de $0^m.40$ d'épaisseur donne par mètre courant, $0^{mc}.20$; par kilomètre, 200 mètres cubes qui, au prix habituel de 4 francs, représentent 800 francs. Avec l'addition d'un dixième pour les voies de garages et autres élargissements, nous obtenons ci. . . . fr. 880

TRAVERSES.

Les traverses du chemin de Mondalazac cubent chacune $0^{m}.03$, et celles du chemin de la Seudre, $0^{m}.06$, d'où une différence de $0^{st}.03$. Si l'on admet qu'elles soient les unes et les autres placées à l'écartement moyen de $0^{m}.75$, il en faudra une et un tiers par mètre courant, d'où une différence de $0^{m}.04$ par mètre, et par kilomètre, de 40 stères. Si l'on ajoute un dixième pour les doubles voies, cette différence est portée à 44 stères; au prix de 50 francs le stère, elle devient de. . . . . fr. 2,200

RAILS.

Les chemins d'Anvers à Gand et de Festiniog ont actuellement des rails de 25 et 22 kilogrammes parfaitement suffisants, avec l'écartement de traverses précédemment indiqué, pour recevoir un matériel roulant dont la charge par essieu serait de $7^{t}.50$. Comme nous avons admis pour les chemins économiques à voie normale que les essieux des machines ne dépasseront pas cette charge, nous pourrions regarder que, de ce chef, il n'y a aucune réduction de dépenses à attendre du rétrécissement de la voie.

Cependant, puisque malgré les leçons de l'expérience et au risque d'accroître les dépenses d'entretien et de n'employer qu'un matériel peu résistant, les promoteurs des chemins à voies étroites persistent à réduire le poids de leurs rails, nous admettrons, pour la voie de 1 mètre, les rails de 17 kilogrammes, d'où une réduction de 10 kilogrammes par mètre, de 10 tonnes par kilomètre de voie simple, et avec les doubles voies, de 11 tonnes. A 220 francs la tonne, cette réduction de poids se traduit par une réduction de dépenses de, ci. . . . . fr. 2,420

STATIONS.

A moins d'admettre que les chemins à voie étroite ne reçoivent que des voyageurs et des marchandises de *dimensions réduites,* il faut bien reconnaître que les mêmes services et manipulations pour le même personnel et le même matériel, exigeront les mêmes emplacements et distributions de gare. De ce chef, il n'y a donc, à première vue, aucun avantage pécuniaire à porter à l'actif de la voie étroite.

On pourrait même, en y regardant de près, porter à son débit la gare terminus qu'elle est obligée de se construire à la rencontre avec les voies normales. Quoique cet article ne soit pas sans importance, je passe outre.

MATÉRIEL ROULANT.

Le matériel roulant du petit chemin de Mondalazac coûte par kilomètre :

Pour les locomotives	fr.	10,429
Pour les wagons.	fr.	6,429
Soit en tout	fr.	16,858

Mais, si le chemin de Mondalazac devait faire un service de voyageurs, il faudrait le munir de wagons de voyageurs et de fourgons, ce qui porterait la dépense au moins à 21,000 francs.

C'est du reste à ce dernier chiffre que MM. Thirion et Bertera évaluent le matériel roulant dans leur projet du chemin de la Saulx.

Or, pour le chemin de la Seudre, à voie normale, nous avons vu que le matériel roulant ne coûte actuellement que 7,000 francs par kilomètre et que l'on ne prévoit pas qu'il doive atteindre 11,000 francs.

Il pourrait donc y avoir sur cet article un réel accroissement de dépenses à porter au compte de la voie étroite. Je ne le mentionne cependant que pour mémoire.

En récapitulant, je trouve que les économies que l'on peut obtenir en réduisant la largeur de la voie de 1^{m}.50 à 1^{m}.00 se chiffrent comme suit :

Acquisitions de terrains	fr.	250
Terrassements et ouvrages d'art.		2.500
Ballast		880
Traverses.		2.200
Rails		2.420
Stations (pour mémoire)		»
Matériel roulant (id.).		»
Soit en tout.	fr.	8.250
15 pour 100 environ d'intérêts pendant la construction.	fr.	1.250
MONTANT DÉFINITIF.	fr.	9.500

Dans nombre de cas l'accroissement des frais de station et de matériel roulant pourra bien réduire notablement cette économie, qui ne me paraît pas absolument certaine; cependant je l'admets pour l'instant et vais chercher à voir quelles conséquences elle entraîne.

Je suppose que, persistant dans la pensée peu judicieuse à mon avis, de compléter notre réseau de chemins de fer à l'aide d'un fort contingent de lignes à voie réduite, on en construise 5,000 kilom. L'économie que j'ai chiffrée précédemment *sous toutes réserves,* s'élèvera, à raison de 9,500 francs par kilomètre, à un total de 47,500,000 francs, dont l'intérêt et l'amortissement, calculés à 6 pour 100, représenteront 2,850,000 francs. Mais d'autre part on aura grevé les transactions commerciales de frais de transbordement qui, à raison de 0.25 centimes par tonne, atteindront ce même chiffre de 2,850,000 francs, lorsque la masse des marchandises transbordées s'élèvera à 11,400,000 tonnes. Rien ne prouve donc qu'il y ait, même à ce point de vue étroit, une économie définitive à espérer.

Mais ce qui est, dès à présent, parfaitement démontré, c'est que le commerce subira des gênes, des retards, des avaries et des ennuis de toute nature. Ce que l'on ne saurait non plus contester, c'est que la valeur de notre réseau ne s'en trouve notablement amoindrie au point de vue stratégique et administratif.

A mon avis, cette introduction d'un nouveau type de voies de fer constitue la plus lourde faute qui se puisse commettre aujourd'hui. Elle peut aller de pair avec celle que l'on a déjà faite en multipliant les types d'écluse.

---

§ 12.

Ligne de Festiniog.

La petite ligne de Festiniog est une miniature de chemin de fer qui fait honneur à son constructeur. Elle a donné des résultats fort inattendus, excité un véritable enthousiasme chez les partisans des voies étroites, et cependant, il ne faut pas s'y tromper, elle constitue un tour de force bien plus qu'un modèle à imiter.

Elle s'étend du port de Portmadoc (pays de Galles) jusqu'aux carrières situées à Dinas, dans les environs de Festiniog. Sa longueur totale, y compris un embranchement de $1^k.60$ qui conduit à Duffros, est de $22^k.60$.

Elle traverse un pays pittoresque, mais très-accidenté, et s'élève de 210 mètres, soit en moyenne de près de 10 millimètres par mètre; sa pente maxima est de 19 millimètres. Les courbes varient de 35 mètres jusqu'à 60 mètres de rayon et ont un grand développement.

L'écartement des rails est de $0^m.60$ de bord en bord. Les rails placés au début pesaient $7^k.20$ par mètre. On les a remplacés d'abord par des rails de $13^k.50$, puis enfin par des rails de 22 kilogrammes. Ils reposent sur des traverses en mélèze de $1^m.34$ de longueur sur $0^m.22$ et $0^m.12$, lesquelles sont espacées de $0^m.91$, sauf aux joints où l'espacement est réduit à $0^m.61$.

Construite et exploitée d'abord à l'aide de chevaux, elle est depuis 1863 desservie par des locomotives. On y emploie actuellement les machines Fairlie, qui paraissent y donner des résultats satisfaisants. Ces machines, posées sur deux trucs mobiles à quatre roues couplées, pèsent chacune, en marche, $19^t.5$; ce qui donne, en tenant compte des inégalités forcées de répartition, une charge d'au moins cinq tonnes par essieu.

Les voitures des voyageurs pèsent 1t.15, soit environ 100 kilogrammes par chacun de leurs douze voyageurs.

Les wagons à marchandises pèsent 0t.90 et peuvent porter 2t.5.

La vitesse a été, dès le début, limitée à 20 kilomètres par les règlements du Board of Trade. J'ignore si ces règlements ont été modifiés, mais la vitesse s'est accrue.

La ligne possède quatre stations intermédiaires outre les gares terminus.

La dépense de construction a été d'abord de 900,000 francs, soit par kilomètre environ 40,000 francs. Aujourd'hui, par le fait des remaniements de la voie et de l'acquisition d'un matériel roulant assez considérable, le prix de revient est de 2,150,000 francs, soit environ 95,000 francs par kilomètre.

Le résultat de l'exploitation, en 1869, a été :

Transport de 97,000 voyageurs,
— 18,600 tonnes de marchandises,
— 118,132 tonnes d'ardoises et minerais,

qui ont donné une recette totale de 600,000 francs.

Sur ce chiffre on a dépensé :

Pour l'entretien et les réparations.	fr. 262,000
Dépenses spéciales.	63,000
Dividende aux actionnaires à raison de 12.05 pour 100 environ.	275,000
Total pareil.	fr. 600,000

Pour sommaires qu'ils soient, ces chiffres provoquent cependant quelques observations essentielles.

Une ligne établie dans les conditions de largeur et de courbes de celle de Festiniog, ne peut être exploitée avec sécurité que quand la voie est toujours dans un parfait état d'entretien. J'en étais convaincu à l'avance, aussi n'ai-je pas été du tout étonné de voir dans l'ouvrage de M. Fairlie quels soins minutieux l'habile ingénieur de cette petite ligne lui consacre. Malgré cela, je n'aurais pas cru que l'entretien et les réparations pussent se monter à 262,000 francs pour 22k.60, soit à plus de 11,000 francs par kilomètre. Ce chiffre seul est la condamnation du système [1].

Je n'ai pu me procurer le relevé du nombre des unités kilométriques qui ont constitué le trafic, mais on peut aisément en obtenir la limite supérieure. Il suffit pour cela d'admettre que tous les voyageurs et toutes les marchandises ont parcouru la distance totale y compris l'embranchement, soit 22k.60; on obtient les résultats suivants :

Trafic voyageurs.	97,000 × 22.6	= 2,192,200
— marchandises	18,600 × 22.6	= 403,360
— minerais et ardoises .	118,132 × 22.6	= 2,669,783
Soit en tout.		5,265,343

et en nombre rond 5,265,000 d'unités de trafic, voyageurs ou tonnes kilométriques, qui ont produit 600,000 francs, soit environ 0f.12 en moyenne.

Ainsi, *au bas mot,* les voyageurs et les marchandises ont payé sur ces chemins le double du prix moyen de nos chemins français. A notre prix moyen de 0f.06, on n'aurait pas pu donner un centime aux actionnaires, l'exploitation aurait tout absorbé. Ce n'est donc pas dans des chemins de cet ordre qu'il faut chercher les éléments d'un trafic à bon marché.

Enfin, le trafic moyen de 27,000 francs par kilomètre qu'il dessert, correspondrait, d'après nos tarifs habituels, à 15,000 au plus par kilomètre. Ce point est encore à noter.

Tout compte fait, on peut admirer le chemin de Festiniog, mais il ne serait pas prudent de l'imiter.

(1) Ces chiffres sont extraits de l'ouvrage déjà cité de M. Fairlie, page 102.

§ 13.

Chemin d'Anvers à Gand.

Le chemin d'Anvers à Gand, concédé en 1843, a été terminé en 1847. Il prend son origine à Anvers, sur la rive gauche de l'Escaut, et se termine à Gand dans une gare spéciale, après avoir traversé sur 50 kilomètres une des parties les plus fertiles et les moins accidentées de la Belgique. Il est à voie unique, et son tracé ne présente pas de pentes supérieures à 3 millimètres, ni de courbes dont les rayons descendent au-dessous de 800 mètres. Sa voie a $1^m.10$ de largeur entre les bords et $1^m.15$ entre les axes des rails. Ceux-ci sont du système Vignole et pèsent 25 kilogrammes par mètre. Dans l'origine, ils ne pesaient que 22 kilogrammes.

Ce chemin a été construit pour le prix total de 4,700,000 francs, soit 94,000 francs par kilomètre. Avec les réfections successivement faites, il revient à 105,000 francs. Ses voitures de voyageurs ont la largeur de celles des chemins à voie normale; ses wagons à marchandises pèsent, à vide, 2 tonnes, et peuvent recevoir un chargement utile de 5 tonnes. On y circule à la vitesse de 45 kilomètres environ à l'heure.

Les résultats de son exploitation, en 1873, ont été les suivants :

	RECETTES		
	TOTALES.		KILOMÈTR.
	fr.	c.	fr, c.
Voyageurs	790,212	55	15,804,25
Bagages	9,922	60	198,45
Bétail	33,737	35	674,74
Marchandises	322,449	46	6,448,99
Totaux	1,156,321	96	23,126,53

Ce trafic est rémunérateur, et il a permis de distribuer aux actionnaires, ou de mettre en réserve, une somme de 326,879 fr. 81 c., soit 6,539 fr. 60 cent. par kilomètre. La recette nette s'est élevée à 41.59 pour 100 de la recette totale, les dépenses d'exploitation ayant atteint 58.41 pour 100 [1].

Enfin, le compte rendu signale avec raison ce fait qu'il n'est survenu, malgré le peu de largeur de la voie et la vitesse de la marche, aucun accident en 1873

Un bon service, pas d'accidents et des dividendes, voilà assurément un ensemble qui plaide ici en faveur des largeurs réduites; mais il y a une ombre à ce tableau, c'est le transbordement aux points de rencontre avec les voies normales, spécialement à Lockeren, à Saint-Nicolas et à Gand.

Il est bien vrai, ainsi que le constate M. l'ingénieur Regnard dans sa note *sur les chemins à petite voie* [2], que, grâce au soin que l'on prend de placer sur les voies d'échange les wagons des deux lignes, soit bout à bout, soit bord à bord, le transbordement se fait presque entièrement à bras, occasionne peu d'avaries et ne coûte, tout compris, pas plus de 32 centimes par tonne. Mais quoi, avec nos prix ordinaires et pour les longueurs parcourues depuis Gand ou depuis Anvers à Lockeren (18 ou 32 kilom.), cette dépense, si minime qu'elle paraisse, équivaut à une surtaxe de 27 pour 100 d'un côté et de 17 p. 100 de l'autre, le tout sans parler des pertes de temps et autres inconvénients inhérents à tous les transbordements; il faut bien qu'au fond ces inconvénients soient sérieux, car ils suscitent de tous les côtés les plaintes les plus vives. La petite ville de Saint-Nicolas, entre autres, accuse formellement la Compagnie d'avoir, par ce choix malencontreux de la largeur réduite, entravé complétement son développement.

(1) Remarquons à propos de ce mouvement qu'en France, sur nos lignes à voie unique et à écartement normal, nous avons dépassé 40,000 francs de recette kilométrique.

(2) Voir Mémoire de la Société des Ingénieurs civils. Janvier, février et mars 1868.

Ce qui est plus significatif encore, c'est que le Conseil d'administration se décide à remanier la voie et à la mettre à la largeur normale. Voici, en effet, ce que je trouve en tête de son rapport aux actionnaires en date du 7 mars 1874 :

« Notre dernier rapport vous a entretenus des projets de travaux importants à ériger sur la rive gauche de l'Escaut, en face d'Anvers, projets en présence desquels notre Compagnie était, de fait, comme mise en demeure de décider la transformation de notre voie et l'extension de nos principales installations.

» Ces projets de travaux sur la rive gauche ont été abandonnés en 1873; cependant, la question de la *modification éventuelle de notre voie* a été ramenée par d'autres considérations ; elle a fait l'objet de rapports et d'examens spéciaux qui nous ont déterminés à demander successivement au Gouvernement l'autorisation de *transformer notre voie et de l'établir à l'écartement de* 1^{m}.50. »

Et un peu plus loin, page 3 :

« Nous avons continué à profiter de divers travaux d'entretien de la voie et de quelques ouvrages d'art pour en effectuer, dès à présent, d'autres qui sont déjà des appropriations devant précéder la transformation de notre voie. »

Enfin, au compte *Elargissement de la voie,* figure une somme de 233,699 fr. 88 cent. L'élargissement est donc commencé.

Or cette refonte d'un chemin à voie unique, pendant l'exploitation, n'est pas une petite affaire. C'est, au contraire, une œuvre difficile, dangereuse et coûteuse. Elle entraîne la perte de tout le matériel roulant et d'une partie du matériel fixe des gares.

La Compagnie cependant, s'y est décidée. On ne saurait douter, d'après cela, que l'adoption de la voie réduite pour le chemin d'Anvers à Gand n'ait été, dans l'origine, une véritable faute; mais si cette faute était pardonnable il y a trente ans, elle ne le serait plus aujourd'hui, surtout dans nos départements du Nord où l'on ne doit pas ignorer les faits que je viens de rappeler.

§ 14.

Chemin de Mondalazac.

Le petit chemin dont il s'agit est destiné à conduire les minerais de fer de la mine de Mondalazac jusqu'à la station de Salles-la-Source, où le chemin d'Orléans les reçoit et les amène à l'usine d'Aubin. Sa longueur totale est de 6,907 mètres. Entre ses deux extrémités, il présente deux courbes de 75 mètres de rayon, une troisième de 60, et au départ une courbe de 40 mètres. Les autres courbes ont 100 mètres au minimum. L'inclinaison maxima est de 12 millimètres. Les minerais la gravissent en remonte. La voie a $1^{m}.10$ de largeur. Elle est constituée par des rails du poids de $16^{kg}.50$ par mètre, éclissés et reposant sur sept traverses espacées en moyenne de $0^{m}.75$. Le matériel roulant se compose de 70 wagons pouvant porter une charge de $3^{t}.80$, et pesant, les uns $1^{t}.40$, les autres $1^{t}.5$. Les deux machines qui font la traction reposent sur quatre roues couplées et pèsent 12 tonnes chacune. L'écartement de leurs essieux est de $1^{m}.40$; il est de $1^{m}.50$ pour ceux des wagons.

Ce chemin a coûté en tout 372,800 francs; soit par kilomètre 50,404 francs ainsi répartis:

Infrastructure et ballastage.	fr.	21,517
Matériel de voie et embarcadère		12,029
Matériel porteur		10,429
Locomotives		6,429
Total pareil	fr.	50,404

Ce chemin ne reçoit pas de voyageurs; il a été construit uniquement pour le service de l'usine d'Aubin, et en prévision d'un transport annuel de 80,000 tonnes de minerais, lequel se trouve réduit aujourd'hui à 36,000 tonnes environ.

Le chemin de Mondalazac a été fréquemment cité; on en a tiré argument en faveur de la voie étroite, bien au delà assurément de la pensée de ses auteurs; mais pour ce fait, il mérite une étude spéciale.

Je dois tout d'abord faire observer que si le chemin de Mondalazac avait été consacré au service du public, il aurait fallu augmenter son matériel et y ajouter des wagons à marchandises et des voitures à voyageurs. Comme aussi il aurait fallu construire à Mondalazac une petite station et quelques aménagements à Salles-la-Source. Le tout, établi aussi modestement que possible, aurait très-probablement porté la dépense au delà de 60,000 francs par kilomètre.

Ceci dit, examinons le chemin tel qu'il a été établi et avec la destination spéciale qui lui a été donnée.

Dès l'origine, les minerais étaient transportés de Mondalazac à Salles-la-Source par voie de terre. Le transport coûtait environ $0^{f}.20$ par kilomètre, soit pour le parcours entier $1^{f}.40$ par tonne.

En raison du mauvais état des routes, on a été amené à remplacer la voie de terre par un chemin de fer à traction de chevaux. Les frais de transport se sont alors établis comme suit :

Traction.	fr.	0,059
Entretien du matériel.		0,006
Entretien de la voie.		0,010
TOTAL par kilomètre.	fr.	0,075

Ou pour le parcours entier, fr. 0,522.

On a donc réalisé sur chaque tonne transportée une économie de $1^{f}.40 - 0.522 = 0^{f}.878$, soit en nombre rond $0^{f}.88$.

Mais cette économie a été achetée par l'établissement d'un chemin qui (sans les locomotives) coûte 327,800 francs et représente, au taux de 6 pour 100 par an (intérêt et amortissement compris), une charge annuelle de 19,668 francs.

La transformation n'est donc justifiée, au point de vue économique,

que si le tonnage annuel dépasse $\frac{19.668}{0.878}$, soit 22,400 tonnes. C'est ce qui a lieu.

Le service à traction de chevaux a duré trois ans. On l'a remplacé alors par un transport à la machine, dont les frais ont été réglés comme suit :

Traction	fr.	0,022
Entretien du matériel roulant		0,006
Entretien de la voie		0,014
Soit par tonne et par kilomètre	fr.	0,042

Et pour la distance entière 0,295, ou en nombre rond fr. 0,30.

La dépense d'acquisition des locomotives ayant été de 45,000 fr. dont l'intérêt et l'amortissement, à raison de 10 pour 100, représentent 4,500 francs, l'emploi des locomotives, pour être économique, exige que le trafic dépasse $\frac{4.500}{0.22}$, soit 20,400 tonnes. C'est encore ce qui a lieu.

Dans le cas actuel, personne ne saurait donc élever de critiques fondées au sujet du remplacement des routes de terre par un chemin à bandes métalliques, non plus qu'au sujet de l'emploi des locomotives sur ces derniers chemins. Mais a-t-on bien fait de recourir à une voie de $1^{m}.10$ de largeur. La voie normale n'eût-elle pas été préférable? Voilà le point particulier que je me propose d'examiner ici.

Asssurément, si les minerais, une fois transportés à Salles-la-Source, s'étaient trouvés au terme de leur voyage et n'avaient pas eu à parcourir 34 kilomètres sur un grand chemin de fer pour être rendus à destination, on ne verrait aucune objection à faire aux dispositions qui ont été adoptées, et aucune considération, notamment, ne militerait en faveur de l'emploi de la voie normale. Mais dans les conditions où l'on se trouve, le choix de la voie étroite peut être critiqué et n'a pas, dès l'abord, obtenu le plein assentiment du conseil de la Compagnie. MM. Thirion et Bertera, dans leur ouvrage, justifient ce choix, mais un peu trop sommairement, suivant moi. Ils disent, pages 21 et 22 de leur écrit [1] : « La pose de la voie large aurait occasionné une augmentation importante dans les dépenses de construction du chemin. Le tarif pour la circulation du matériel sur l'embranchement aurait coûté très-cher, et enfin le coût annuel des machines de la petite voie étant d'environ 10,000 francs; on n'aurait pas pu, pour cette somme, immobiliser à Salles-la-Source une machine de la grande ligne. »

Ceci suppose que le chemin de Mondalazac construit à la largeur normale aurait été établi pour recevoir et aurait reçu effectivement les machines de la grande ligne. Mais l'emploi de la voie normale comportait une autre solution que je vais indiquer.

On aurait pu établir le chemin de Mondalazac de manière à y faire circuler les wagons miniers de la grande ligne, qui s'y prêtent d'autant mieux que leurs essieux ne sont pas espacés de plus de $1^{m}.50$ et portent chacun une roue folle. La traction aurait été opérée par des locomotives spéciales du poids de 15 tonnes avec essieux espacés de $1^{m}.40$. Dans ces conditions et avec la vitesse réglée à 15 kilomètres à l'heure, on pouvait, sans rien changer au profil, adopter le minimum de 100 [2] mètres pour les rayons en pleine voie et de 70 pour celui du départ à Mondalazac. Comme aussi on n'aurait pas eu besoin de rails de plus de $21^{k}.5$ par mètre courant.

Ainsi que je le montre dans la pièce annexe B, les dépenses de premier établissement se seraient trouvées augmentées d'un côté de 46,810 fr. 50 cent.; mais, de l'autre, par le fait de la suppression du matériel porteur et de l'un des deux embarcadères, elles auraient

(1) Observations sur le projet de loi des chemins de fer départementaux. Dunod, éditeur, 1865.

(2) Le chemin de Steierdorf, dans le Banat, est construit à la voie normale, avec de nombreuses courbes de 114 mètres de rayon.

été réduites de 72,000 francs; d'où ressort une économie d'environ 25,200 francs au début et annuelle de . . . . fr. 1,512

Voyons ce qui en serait résulté pour l'exploitation.

On n'aurait pas eu à entretenir les wagons. Or cet entretien coûte aujourd'hui 0f.042 par tonne, soit pour 36,000 tonnes 1,512

Leur renouvellement exige la mise en réserve ou l'emploi d'une somme de 5 pour 100, soit sur 69,000 francs. 3,450

Le transbordement du minerai à Salles-la-Source aurait été supprimé. Or il coûte, à raison de 0f.17 par tonne et pour 36,000 tonnes. 6,120

Soit en tout. . . 12,594

Mais, par contre, il aurait fallu payer en plus, pour le renouvellement de la grande voie, 5 pour 100 de l'excédant des dépenses en rails et traverses, soit 5 pour 100 sur 15,630 francs, ci. 781f.35

De plus, il aurait fallu louer à la Compagne d'Orléans (1) 12 wagons à minerais par chaque jour de travail, soit pour l'année 3,600 journées de location et à 3 francs. . . . . 10,800 »

Soit en tout. . . 11,581f.53

Ainsi, l'adoption de la voie normale dans les conditions qui viennent d'être spécifiées aurait réduit les dépenses annuelles de la régie d'Aubin d'une somme de :

$$12,594 \text{ fr.} - 11,581 \text{ fr. } 53 = 1,012 \text{ fr. } 47.$$

C'est peu de chose si l'on veut; mais ce qui est plus important, c'est la suppression du transbordement, des ennuis et déchets qu'il occasionne; c'est enfin et surtout la simplification du service.

(1) La Compagnie d'Orléans possède 82 wagons affectés à ce service. Elle n'aurait pas eu besoin d'en construire de nouveaux.

Quant à la Compagnie d'Orléans, la nouvelle combinaison lui était encore plus favorable, puisque sans accroissement de frais elle lui procurait pour son matériel un loyer de 10,800 francs par an.

Ainsi dans ce cas, si spécial cependant, du chemin de Mondalazac, même avec un service borné à de simples transports de minerais, l'avantage de la voie étroite disparaît dès l'instant qu'il y a *transbordement forcé*.

Il m'a paru utile de le constater.

---

§ 15

Chemin de la Seudre.

En regard du chemin d'Anvers à Gand, je crois devoir appeler l'attention sur un bon exemple de construction économique qui nous est offert par le chemin *de la Seudre*.

Ce chemin part de la station de Pons, située sur la ligne de Saintes à Coutras (réseau des Charentes), pour aboutir à Royan, petit port et ville de bains située à l'embouchure de la Gironde. De Saujon se détache un embranchement qui, suivant la rivière de la Seudre, aboutit à la Tremblade, ville commerçante située près du littoral. La longueur totale de la ligne est de 69 kilomètres, à savoir :

Pour la ligne principale	kilom.	46
Pour l'embranchement.		23
TOTAL pareil.	kilom.	69

La concession a été donnée par le département le 12 février 1872, le décret d'utilité publique rendu le 15 janvier 1873, et la ligne de Pons à Royan ouverte le 28 août 1875. Celle de l'embranchement est commencée.

Le département a accordé pour ce chemin une subvention par

kilomètre de . . .	20,000 fr.,	soit pour l'ensemble de fr.	1,380,000
Les Communes.	2,842	id.	196,100
L'État	10,874	id.	750,300
Soit par kilom.	33,716 fr.,	et en tout . . . . . . fr.	2,326,400

Le capital social est constitué par :

4,380 actions émises à 500 fr., et représentant une somme de	fr.	2,190,000
10,960 obligations remboursables à 500 francs et représentant au minimum.		2,190,000
Soit en tout	fr.	4,380,000

A quoi il faut ajouter pour les subventions 2,326,400 francs, ce qui donne un total de 6,706,400 francs, représentant environ 100,000 francs par kilomètre.

La Compagnie a passé, le 23 août 1873, avec la Société de construction des Batignolles, un marché pour l'établissement du chemin, moyennant une somme à forfait de 5,726,150 francs, représentant par kilomètre 80,650 francs. Dans ce prix ne figure pas le matériel roulant.

Le cahier des charges fixe à 300 mètres pour les rayons et à 15 millimètres pour les inclinaisons, les limites des courbes et des rampes.

Pour la ligne principale on n'a pas dépassé l'inclinaison de 10 millimètres, et pour l'embranchement celle de 12 millimètres. Les rayons minima n'ont été adoptés qu'en deux ou trois points.

La longueur de la plate-forme est de 5 mètres;

La hauteur du ballast, de 40 centimètres;

Le poids des rails, de 26 kilogrammes.

Ils reposent sur sept traverses espacées d'environ 75 centimètres d'axe en axe.

Les locomotives sont à six roues couplées. Elles pèsent à vide 20,500 kilogrammes, en marche 25,800. Le poids sur chaque essieu est de 8,600 kilogrammes.

La Compagnie des Charentes a donné à la Compagnie de la Seudre l'hospitalité dans sa gare de Pons, sans réclamer ni loyer, ni remboursement d'une partie du capital d'établissement. Cet exemple d'intelligente libéralité mérite d'être cité; il est malheureusement trop rare.

Enfin, la Compagnie a passé un traité d'exploitation sur les bases suivantes :

Le prix de l'exploitation, entretien compris, sera payé :

Jusqu'à 9,000 francs de recette brute (impôt déduit). . . . . fr. 5,250 00

De 9,000 fr. à 12,000	6,450 00

Au delà de 12,000 francs, le prix sera bonifié de 35 pour 100 de la recette brute.

La ligne a coûté pour :

Etudes, projets et frais divers, par kilomètre, fr.	7,304 00
Acquisitions de terrains	7,258 50
Terrassements et ouvrages d'art	20,162 50
Ballastage et voie	36,292 50
Bâtiments des stations et matériel fixe	12,097 50
Matériel roulant et outillage, par kilomètre . .	7,000 00
Intérêt des capitaux	3,654 00
TOTAL par kilomètre . . . fr.	93,767 00
A ajouter pour augmentations ultérieures du matériel roulant, approximativement	3,231 00
Ce qui élèvera le montant définitif par kilomètre à . . . . fr.	96,998 00

Soit, en nombre rond, 97,000 francs.

Il est facile de voir, maintenant, quelle sera la situation financière des intéressés, suivant l'importance du trafic (1).

Les frais d'exploitation seront couverts lorsque la ligne produira par kilomètre . . . . fr. 5,250
Et l'intérêt du capital actions. . . . . id. 9,108
Et l'intérêt du capital obligations . . . . id. 7,566

A partir de ce rendement, l'exploitation deviendra rapidement productive pour les actionnaires, puisque chaque augmentation de 525 fr. dans la recette kilométrique brute produira un accroissement de dividende de 1 pour 100.

Je me suis, à dessein, un peu arrêté sur cet exemple du chemin de

(1) Je n'ai pas tenu compte des insuffisances de produits. J'ignore ce qu'elles pourront être. Mais il paraît probable que les frais d'exploitation seront assez rapidement couverts.

fer de la Seudre, parce qu'à mon sens, il y a plus d'un enseignement à en tirer.

Le premier, c'est qu'avec la voie normale, dans des terrains ordinaires et avec les conditions de pentes et de courbures *admises aujourd'hui* dans les cahiers de charges, on peut construire des chemins de fer à voie normale qui coûtent moins de *cent mille francs* par kilomètre. J'en avais déjà fait l'expérience au chemin de Poitiers-Saumur, et M. Varroy l'avait également prouvé par l'établissement du réseau départemental de Meurthe-et-Moselle. Ceci va un peu à l'encontre de certaines affirmations qui se sont produites du haut de la tribune de l'Assemblée.

Un autre fait ressort également de ces chiffres, c'est que l'établissement d'une voie étroite comme celle d'Anvers à Gand, avec rails de 25 kilogrammes, n'aurait produit qu'une insignifiante économie de *quatre à cinq mille francs* par kilomètre, qui aurait été en grande partie, sinon totalement, absorbée par l'établissement à Pons d'une gare terminus avec les aménagements et l'outillage nécessaires.

L'exploitation eût été lourdement grevée par la nécessité de transborder toutes les marchandises en destination ou en provenance du réseau des Charentes, et ce fait eût suffi pour paralyser le développement du chemin et annuler une partie des avantages que l'on en attend. Car il ne faut pas oublier que le transbordement avec ses dépenses, sujétions, etc., est assimilé par certains ingénieurs à un allongement de 30 kilomètres. Ce qui est assurément fort grave quand la plus grande distance à parcourir ne dépasse pas 60 kilomètres.

Le trait caractéristique de la disposition adoptée par la Compagnie est celui-ci. La voie est assez forte pour recevoir les wagons de toutes les Compagnies, et les locomotives ont été disposées de manière à ne pas donner, par essieu, une charge notablement supérieure à celle des grands wagons ; leur poids est, en effet, de 8,600 kilogrammes par essieu. Dans ces conditions, on a pu dès lors adopter des rails de 26 kilogrammes et des traverses de 16 au mètre cube.

La seule sujétion qui en résulte, c'est que la nouvelle ligne ne livrera pas passage aux locomotives de la Compagnie des Charentes et que la Compagnie se trouvera obligée de faire elle-même sa traction; sujétion, qui en vérité, ne présente rien de grave. Si plus tard on juge nécessaire ou utile de la faire disparaître, rien ne sera plus facile, en renouvelant la voie, que de remplacer successivement les rails de 26 kilogrammes par des rails de 35 kilogrammes; l'accroissement de dépenses sera d'environ 6,000 francs par kilomètre, et l'on n'aura à modifier ni le matériel roulant ni les installations.

Ceci vaut assurément mieux que les désagréables et coûteuses modifications auxquelles la Compagnie d'Anvers à Gand est actuellement condamnée.

De ces divers exemples on peut conclure, si je ne me trompe, que pour des trafics présumés de 10 à 12,000 francs par kilomètre, on peut, sans sortir des conditions habituelles du cahier des charges et en adoptant la voie normale, créer des chemins qui ne seront pas onéreux aux concessionnaires et rendront au public tous les services que l'on peut attendre de bonnes lignes de fer.

La voie normale comporte encore des solutions plus économiques, mais celle-là peut déjà donner satisfaction à bien des intérêts.

---

§ 16.

Chemins économiques à voie normale.

L'examen et la discussion auxquels nous nous sommes livrés permettent maintenant de préciser ce que l'on peut raisonnablement attendre *de la voie normale* en fait d'économie. Il ne s'agit évidemment, dans ce qui va suivre, que de chemins à une voie. La première économie que l'on doive faire, quelle que soit la largeur adoptée, est de supprimer la seconde voie, quand on est assuré que l'importance du trafic ne la rendra pas de longtemps nécessaire. Or, on sait aujourd'hui à n'en pouvoir douter, que des chemins à voie unique, convenablement construits et exploités, comportent un trafic bien supérieur à celui auquel peuvent prétendre la plupart des lignes qui restent à établir en France.

Toutes les économies ne sont pas toujours bonnes à réaliser, il en est même qui peuvent, à la longue, devenir très-coûteuses. Il importe donc de faire quelque distinction entre les divers chemins au sujet des économies qu'ils comportent.

Le premier cas à considérer est celui d'un chemin appartenant au réseau général. Il faut évidemment rendre ses relations avec ce réseau aussi faciles que possible. Il faut qu'il puisse en recevoir ou y expédier des wagons, des locomotives, en un mot, des trains complets. Ceci suffit à définir les conditions dans lesquelles il devra être établi. Pour son infrastructure, il devra être soumis aux règles habituelles : rayons minima de 350 mètres, inclinaison maxima de 15 millimètres, sauf exceptions motivées.

La voie devra être construite comme celle des grandes lignes avec des rails de 35 à 37 kilogrammes en fer ou d'une force équivalente en acier. Les traverses auront les dimensions et l'espacement ordinaires.

Le matériel roulant devra être établi dans de bonnes conditions de solidité. Il importe de ne pas l'affaiblir par des réductions de poids intempestives, et de ne pas fournir ainsi prétexte à des refus de communications et d'échanges avec les lignes voisines.

Jusque-là, rien de bien neuf, et la préoccupation si légitime de l'économie n'apparaît guère. Mais on peut lui donner une juste satisfaction en supprimant les clôtures et les barrières d'un grand nombre de passages à niveau, en ne faisant pas construire de ponts par-dessus ou par-dessous à la traversée de toutes les routes. Enfin et surtout en évitant de préparer à l'avance les acquisitions de terrains, les terrassements et les ouvrages d'art pour une seconde voie que l'on n'établira jamais.

Les stations méritent aussi de figurer au chapitre des réductions possibles. On les fait en général trop nombreuses et trop coûteuses. Il conviendra quelquefois d'en réduire le nombre, très-souvent le prix, et de se contenter, au début, d'installations incomplètes et provisoires.

Dans ces conditions et sur un terrain ordinaire, un chemin de fer paraît pouvoir être établi pour un prix variable de 100 à 120,000 fr., en moyenne 110,000 francs par kilomètre.

Si une ligne d'intérêt local rencontre sur son parcours des lignes du grand réseau avec lesquelles elle doit communiquer, il est évident qu'il faut la construire comme si elle appartenait à ce réseau. Ce cas se présente assez fréquemment, c'est notamment celui de la ligne de Poitiers-Saumur.

Le cas est un peu différent quand il s'agit d'un chemin vraiment d'intérêt local, ne communiquant que par l'une de ses extrémités avec le grand réseau, vivant de sa vie propre et desservant un trafic circonscrit. On doit le maintenir en relations commodes avec le réseau d'intérêt général; il faut qu'il puisse lui envoyer ses wagons et en recevoir d'autres en échange. On n'évitera le transbordement qu'à ce prix. Mais il n'est pas du tout nécessaire qu'il reçoive les puissantes machines du grand réseau et que l'on construise sa voie de manière à leur en permettre l'accès. Il vaudra mieux, presque toujours, qu'il ait sa traction propre et la fasse à l'aide de machines spéciales. Si, pour ces machines, on a soin de ne pas dépasser notablement la charge par essieu des grands wagons, ce qui est très-facile et absolument sans inconvénient, on pourra se contenter de rails de 25 kilogrammes, de traverses légères et d'une couche de ballast de $0^{m}.40$ d'épaisseur.

Ces économies, très-légitimes, présentent déjà un total assez respectable. On devra les compléter par des réductions analogues dans les installations des gares. On pourra aussi alléger les wagons des voyageurs et y éviter toute apparence de luxe. Les vitesses étant faibles et les voyages courts, rien ne force à adopter certains détails coûteux que les voyageurs de bon sens ne réclament pas.

Quant aux conditions des pentes et des courbes, elles resteront les mêmes que dans le cas précédent.

Ainsi établi et sur un terrain de relief moyen, un chemin de fer peut coûter de 90 à 110,000 francs, soit en moyenne 100,000 par kilomètre.

Les chemins dont je viens de déterminer les conditions d'établissement, sont destinés à un service de voyageurs et de marchandises assez notable et comportent, dans le premier cas, des vitesses de 40 à 50, dans le second de 30 à 40 kilomètres. Mais descendons encore d'un degré et arrivons aux plus humbles chemins, à ceux qui, dans l'échelle décroissante des importances et des trafics, précèdent immédiatement les tramways. Arrivons à ces chemins en vue desquels surtout on peut songer à la voie réduite et qui ne sont appelés à desservir qu'un trafic restreint de voyageurs et de marchandises et à parcourir de faibles distances à de très-faibles vitesses, par exemple à 15 kilomètres à l'heure.

Ici, tout en conservant la voie normale (j'en ai surabondamment exposé les motifs), on pourra, en raison des faibles charges et de la faible vitesse, réduire les rails au poids de 22 à 23 kilogrammes, ce qui permettra encore l'emploi et l'échange des grands wagons. On pourra sans aucun inconvénient tolérer les courbes de 150 mètres de rayon dans la partie courante du chemin et de 100 mètres aux abords des points de stationnement.

Les locomotives seront construites de manière à ne pas dépasser, par essieu et en pleine marche, la charge de sept tonnes et demie. De véritables stations il ne sera plus question, tout au plus de haltes, et au besoin, on accordera la faculté d'arrêt et de communication sur tous les points du parcours. Dans ces conditions qui sont, du reste, celles que l'on paraît disposé à accepter pour les chemins à voie réduite, la dépense de construction, matériel roulant compris, paraît pouvoir être établie, dans les terrains assez peu accidentés, entre 80,000 et 90,000 fr. par kilomètre, moyenne 85,000 francs.

Ainsi, pour les trois types de chemins à voie unique que nous avons considérés, les prix de construction paraissent pouvoir s'établir ainsi :

1er Type d'intérêt général. . . .	en moyenne fr.	110,000
2e Type d'intérêt local	—	100,000
3e Type d'intérêt industriel. . .	—	85,000

Dans ces conditions, nous pouvons aborder l'achèvement de notre réseau sans lui faire subir des mutilations que rien ne justifie. Nos ressources financières nous permettent de mener aisément et promptement cette œuvre à bonne fin.

---

§ 17.

Emploi utile des chemins à voie étroite.

J'ai essayé de montrer précédemment combien sont illusoires les avantages que certaines personnes attribuent aux chemins de largeur réduite, combien au contraire sont réels les dangers et les inconvénients que d'autres leur reprochent. Mais pour autant, je n'ai pas prétendu que partout et toujours ces sortes de chemins dussent être repoussés. Le parti à prendre, à leur égard, doit varier suivant les pays et les temps. En France aujourd'hui ils ne me paraissent pas devoir être admis à compléter notre réseau de viabilité publique. Mais cependant ils semblent, dans un certain nombre de cas, pouvoir être utilement employés et je tiens, à ce sujet, à dire toute ma pensée.

Dans un pays qui ne possède ni routes, ni voies navigables, le chemin de fer constitue une nécessité de premier ordre. Il est la condition indispensable de tout développement ultérieur. Il ne faut même pas songer à reproduire notre lente évolution en fait de voies de communication. Non, la sagesse commande de sauter les étapes intermédiaires que nous avons dû parcourir et de commencer par où nous avons fini. La question du type à adopter est même, dans ce cas, tout à fait secondaire. Avant tout, il faut créer des chemins de fer, et naturellement, ceux que l'on peut payer.

Le choix de la largeur de voie à adopter, pour être secondaire, n'est pas cependant indifférent, et il me semble que pour le faire quand on en a la liberté on peut se diriger à l'aide des considérations suivantes :

La voie étroite, j'entends par là celle de 0m.90 à 1m.10 de largeur, est un peu moins coûteuse et un peu plus flexible que l'autre, mais par contre, elle est un peu moins puissante et comporte une moindre rapidité. En somme, la valeur relative des deux instruments me paraît assez bien en rapport avec leur prix.

Si donc, dans un pays, la population est dense, riche, industrielle, commerçante, si ses produits et ses capitaux sont abondants, on devra, suivant moi, recourir pour établir un réseau de chemin de fer, à la voie normale qui a fait ses preuves dans des circonstances analogues, en Angleterre, en France, en Allemagne. Si, au contraire, sur un sol tourmenté habite une population peu dense, médiocrement riche, dont l'agriculture et le commerce ne sont pas encore développés, et dont par suite les produits sont peu abondants, nul doute que dans ce cas l'on ne doive avoir recours à la voie étroite; elle me paraît tout naturellement indiquée.

Je ne trouve donc nullement extraordinaire que M. Karl Pihl en ait fait choix pour la Norvége [1]. Je serais chargé d'établir un réseau de voies ferrées en Corse, que je n'hésiterais pas à faire de même.

En ce qui concerne la France, j'ai dit et je répète que le choix qui a été fait de la voie normale me paraît pleinement justifié, et le tableau suivant prouve que sa flexibilité a été suffisante pour atteindre presque tous les points essentiels de notre territoire. Ceux qui sont encore délaissés ne tarderont pas à être desservis.

Tableau des localités desservies ou délaissées par les chemins de fer.

LOCALITÉS.	DESSERVIES		NON DESSERVIES
	par des chemins en exploitation.	par des chemins concédés ou en construction.	
Chefs-lieux de département . . .	84	2	»
Chefs-lieux d'arrondissement. . .	278	47	32
Ports de mer principaux.	57	7	14
Places de guerre ou de casernement	231	18	31

1) Le réseau des voies ferrées de la Suède et de la Norvége avait été com-

En dehors de ces points essentiels, il peut y avoir dans nos départements montagneux des localités intéressantes à desservir et séparées du reste du pays par des obstacles naturels. Que l'on emploie pour celles-là tel système de chemin que l'on voudra, je n'y contredis pas. Que l'on ait même recours, si l'on ne peut faire mieux, à une voie analogue à celle de Festiniog, je n'y vois absolument aucun inconvénient, dès l'instant que les chemins à construire doivent rester isolés du réseau.

J'admets et trouve très-rationnel aussi l'emploi des chemins à largeur réduite pour conduire les récoltes des champs aux grandes exploitations, sucreries, distilleries, féculeries, etc ; pour faire arriver sur nos rivières, canaux, ports de mer, les produits de nos carrières, mines, forêts, etc. Toutes ces applications me paraissent complétement justifiées ; mais, qu'on veuille bien le remarquer, elles n'intéressent au fond que l'industrie privée. L'Etat n'a rien à y voir, rien à conseiller, rien à interdire.

Cependant, tout en admettant, dans un certain nombre de cas, l'emploi de la voie étroite, je ne serais guère d'avis de l'appliquer sur le sol de nos routes, et je crains bien que de ce côté encore on ne se fasse de grosses illusions.

Le promoteur actuel de ce système annonce qu'il établira des chemins à 25,000 francs le kilomètre, mais à la condition qu'ils n'auront ni barrières, ni clôtures, ni stations, et que l'Etat fournira, par l'abandon d'une partie du sol de sa route, le terrain nécessaire et fera de plus les terrassements. Mais dans des conditions analogues le chemin de la Seudre ne serait revenu qu'à 50,000 francs, et d'autres encore à bien moindre prix. C'est entre ces divers chiffres que la comparaison devrait s'établir pour être juste. Mais est-il bien sûr

mencé à la voie normale. — Mais comme la plupart des lignes partent de l'intérieur pour se rendre à la mer, et ne communiquent pas entre elles, l'introduction d'un nouveau type n'a pas les mêmes inconvénients qu'il aurait eus en France.

même que l'on puisse utilement profiter du sol de nos routes pour établir la plate-forme de ces chemins de fer rudimentaires? J'y vois pour ma part de gros inconvénients.

Nos routes, même les meilleures, ont fréquemment des pentes qui atteignent 40 et 50 millimètres et sont difficilement accessibles aux voies ferrées.

Dans toutes ces parties inclinées, il faudra ou remanier les routes, ou les abandonner. Elles comportent des courbes de 25 mètres de rayon et même moins, surtout aux abords ou à la traversée des villages. Ici encore nouvelles difficultés, surtout quand on se trouvera dans le voisinage des habitations.

Mais ce qui me frappe surtout dans ce système, ce sont les objections fondées qu'il soulèvera. Etabli sur le bord de la route, un négociant, un industriel, un fermier, reçoit et expédie des produits. Aujourd'hui ses voitures stationnent en chargement ou en déchargement sur l'accotement. Mais si le chemin de fer s'y installe, ce stationnement ne sera plus possible. De là une gêne très-notable et une véritable dépréciation des propriétés. On le voit, cette solution n'est pas si simple et si naturelle qu'elle le paraît au premier abord. Il y a longtemps qu'elle a été proposée pour la première fois, et tout porte à croire qu'elle n'est pas destinée à une application bien générale (1).

Je ne puis m'empêcher, à ce sujet, de me rappeler ce qui, à une époque déjà éloignée, s'est passé relativement aux canaux. Quelques personnes avaient songé à utiliser, comme plates-formes de chemins de fer, leurs chemins de halage et leurs francs bords. Cela ne devait rien coûter et il ne restait, pour avoir immédiatement une bonne voie, qu'à poser le ballast et les rails. On le croyait sincèrement, on le répétait partout; puis, quand on a voulu faire des études

(1) On a beaucoup cité, à ce sujet, l'exemple de la ligne de Broelthal (en Westphalie) dont l'exploitation est prospère. Mais on passe sous silence les lignes analogues de la Silésie, qui ne sont pas heureuses.

et des projets sérieux, il s'est trouvé qu'on ne pouvait se procurer de cette façon qu'une plate-forme très-médiocre et fort coûteuse. Je ne crains pas de dire que dans la plupart des cas, il en sera de même sur les routes.

Je me résume : On devra construire, et on construira en France des chemins à largeur réduite ; mais si l'on est bien inspiré, on ne les introduira pas dans notre réseau de viabilité générale.

---

§ 18.

Considérations économiques.

Il n'est pas sans intérêt d'examiner ce que notre pays peut construire et construit actuellement de chemins de fer. C'est le meilleur moyen de reconnaître si nous devons donner à cette partie du travail national une nouvelle impulsion et sur quels points elle doit porter. Les chiffres suivants fournissent à ce sujet quelques indications utiles.

ANNÉES.	LONGUEUR DES CHEMINS LIVRÉS A L'EXPLOITATION		
	INTÉRÊT GÉNÉRAL.	INTÉRET LOCAL	TOTAUX.
	kilom.	kilom.	kilom.
1871	518	154	672
1872	578	325	903
1873	730	532	1262
1874	546	220	766
TOTAUX. . . .	2.372	1.231	3.603
Moyennes et Annuelles. .	593 00	307 77	900 77

L'ensemble des lignes en exploitation s'élève en ce moment :

Pour le réseau d'intérêt général, à . . . . kilom. 19,110

Pour le réseau d'intérêt local, à 1,498

TOTAL. . . . . kilom. 20,608

Sont actuellement concédés et à construire :

Sur le réseau d'intérêt général.	kilom.	4,797
Sur le réseau d'intérêt local		2,790
Total.	kilom.	7,587

Si on la poursuit avec la même vitesse annuelle de 900 kilomètres, la construction des chemins concédés sera terminée pour le 1er janvier 1884.

Alors notre réseau comprendra :

En lignes d'intérêt général.	kilom.	23,907
En lignes d'intérêt local		4,288
Soit en tout.	kilom.	28,195

En prolongeant les mêmes efforts jusqu'à la fin du siècle, nous construirions encore, en outre de ce qui est déjà concédé :

Lignes d'intérêt général :		
593 × 17, soit	kilom.	10,081 »
Lignes d'intérêt local :		
307,77 × 17, soit.	kilom.	5,231 09
Ce qui donnerait en tout.	kilom.	15,312 09

Dans cette hypothèse, notre réseau de chemins de fer à l'usage du public se trouverait, à la fin du siècle, ainsi constitué :

Intérêt général :		
Lignes en exploitation ou actuellement concédées	kilom.	20,608
Lignes construites à partir de 1883		10,081
Total.	kilom.	30,689
Intérêt local :		
Lignes en exploitation ou atuellement concédées.	kilom.	7,587
A reporter.		7,587

Report.	7,587	»
Lignes construites à partir de 1883	5,231	09
Total. . . . . kilom.	12,818	09
Total général. . . kilom.	43,507	09

Ce qui donnera par habitant environ 1m.20 de chemin, et par kilomètre carré, 820 mètres.

Cette proportion paraît suffisante, et l'on peut dire que, dans ces conditions, nous aurions mené à bonne fin la grande œuvre industrielle de notre siècle. Elle n'exigerait plus que des parachèvements sans importance.

Mais les ressources financières dont nous disposons permettront-elles de poursuivre, avec la même vitesse, l'achèvement de notre réseau? Tout porte à le croire. La France reconstitue rapidement son capital ébréché par la guerre; ses économies annuelles paraissent dépasser 1 milliard. Or, les lignes mentionnées plus haut coûteraient environ :

Lignes d'intérêt général :	
10,080 kilom. à 200,000 fr. le kilom. . . fr.	2,016,000,000
Lignes d'intérêt local :	
5,230 kilom. à 150,000 fr le kilom. . . . fr.	784,500,000
(1) Soit en tout. . . fr.	2,800,500,000

On voit que notre pays n'aurait à consacrer à l'achèvement des voies ferrées que trois années au plus de ses économies.

Dans cette répartition, le fardeau mis à la charge des grandes Compagnies n'a rien, assurément, qui excède leurs forces. Le crédit mérité dont elles jouissent déjà et qui s'accroît chaque jour, leur permettra de faire très-aisément les appels nécessaires aux capitaux disponibles. Reste à voir si les charges qui incombent aux départements pourront aussi facilement être supportées par eux.

(1) J'ai adopté à dessein pour cette évaluation des prix très-élevés. La conclusion n'en souffre pas.

Dans le délai de 17 ans à partir de 1883, que j'ai adopté précédemment pour l'achèvement du réseau, le fonds de 6 millions mis par la loi du 12 juillet 1865 à la disposition des lignes d'intérêt local, aura produit 102,000,000 francs.

Les subventions des communes et des départements doivent, on le sait, s'élever les unes au triple, les autres au quadruple de ce que fournit l'État, soit en moyenne à trois fois et demie. Les 102 millions fournis par l'État correspondraient donc à une subvention communale ou départementale de 357,000,000 fr. [1]

Pour parfaire le chiffre de 784,500,000, il resterait à fournir 325 millions que l'on pourra demander à l'industrie privée, si on ne prend pas à tâche de détourner les capitaux de ces sortes d'entreprises.

Bien que la part contributive mise à la charge des départements ne paraisse pas pour l'ensemble excéder leurs forces, cependant il peut arriver que certains d'entre eux soient hors d'état de fournir leur contingent financier dans la construction des lignes qui doivent les desservir. Ceci paraît d'autant plus probable que le réseau des départements pauvres sera en général d'une construction laborieuse et d'un produit médiocre. Je voudrais, dans ce cas, que l'État fût autorisé à accroître leur subvention et à la graduer, à partir d'une certaine limite, en raison inverse de la puissance des centimes additionnels.

Je regarderais cette mesure comme vraiment juste et réparatrice. Je voudrais donc qu'en dehors des 6 millions mis chaque année à la disposition du Ministre des travaux publics, on ouvrît un crédit annuel de 2 millions pour les cas spéciaux dont je viens de parler. Peut-être conviendrait-il même d'y mettre cette condition : Qu'à l'expiration de la concession, les chemins construits à l'aide de ces subventions

(1) Ne pas oublier que les communes et les départements ont fourni pour la petite vicinalité, dans la période comprise entre 1836 et 1864, plus de 2 *milliards*, c'est-à-dire plus de 70 millions par an.

exceptionnelles feraient retour à l'État. De cette façon, la libéralité que je recommande serait pleinement justifiée.

J'attache, on le voit, un très-grand prix à la construction du réseau d'intérêt local. Je le regarde comme le complément indispensable de l'autre, et j'estime qu'il doit être exploité différemment et par d'autres mains. J'ai eu l'occasion de dire ailleurs et de montrer par des exemples, que cette exploitation distincte sera même un avantage pour les grandes Compagnies, qui recueilleront le plus clair des bénéfices produits par le surcroît d'activité que ces chemins imprimeront aux relations commerciales, sans avoir les soucis et quelquefois les mécomptes de leur exploitation. Je m'inquiète même assez médiocrement de ce fantôme de détournement et de concurrence à l'aide duquel on a troublé l'opinion publique. Il importe en effet très-peu que les nouveaux chemins dérivent une partie du trafic des grandes Compagnies, si, en même temps, ils suscitent à leur profit un trafic nouveau dix fois plus considérable que celui qu'ils auront détourné. Je ne tiens même pas grand compte du faible rendement de ces lignes à leur début et je me rappelle à ce sujet les commencements si pénibles des grandes Compagnies aujourd'hui si prospères. La plupart des chemins qui restent à construire, s'ils sont sagement faits, auront un jour leur rémunération assurée. Il faut un peu attendre et laisser le temps à la clientèle locale de se constituer. Et puis, existe-t-il au monde une seule industrie qui soit partout constamment prospère? Évidemment non. Les chemins de fer n'échappent pas à ce sort commun d'avoir aussi leurs défaillances. C'est à l'habileté des Compagnies qu'il appartient de conjurer ces crises, à la sagacité des capitalistes de les prévoir. Je ne trouve même pas qu'il y ait une bien réelle utilité pour notre pays à discréditer, ainsi qu'on le fait, les petites Compagnies, et à en détourner les capitaux flottants. Ces capitaux repoussés de France se laisseront séduire par l'étranger; ils iront au loin, en Espagne, en Turquie, au Honduras, chercher de gros dividendes qui, plus d'une fois, leur feront défaut, sans parler du capital qui pourra se trouver compromis. Dans ce cas, nos nationaux n'auront même pas, en perdant leur argent, la consolation d'avoir doté leur pays d'une œuvre utile. Au point de vue général, il vaut bien mieux pour nous que ces entreprises se fassent sur notre sol. En cas d'insuccès, au moins les chemins nous resteront et accroîtront d'autant nos forces productives.

On a dit, et non sans raison, que notre réseau d'intérêt général constituait le véritable fonds d'amortissement de la dette publique, et qu'à une époque, qu'il est facile de préciser, il permettrait à nos enfants de réaliser ce beau rêve, si cher à certains financiers : *suppression de la dette publique.* Sans me faire à cet endroit aucune illusion, je reconnais sans peine qu'il y a là une ressource immense, dont nos arrière-neveux pourront tirer parti. Mais il ne faut pas, à mon avis, que la conservation de ce bien, dont la réalisation est encore si éloignée, nous entraîne à des sacrifices immédiats qui pourraient nous devenir très-onéreux. Il existe en dehors de la propriété des chemins de fer un véritable amortissement qui fonctionne tous les jours sans que nous nous en apercevions. C'est celui qui résulte de l'accroissement de la richesse publique; car enfin si notre richesse double alors que nos charges ne s'augmentent pas, c'est exactement pour nous comme si notre dette publique s'était amoindrie de moitié, autrement dit comme si elle était à moitié amortie. Or le tableau suivant, emprunté à l'exposé publié en 1874 par le ministre de l'agriculture et du commerce sur la production agricole et industrielle, donne à cet endroit les plus rassurants espoirs.

ANNÉES.	PRODUCTION		
	AGRICOLE.	INDUSTRIELLE.	TOTAUX.
1840	4 milliards 1/2	4 milliards	8 milliards 1/2
1873	9 milliards	9 milliards 1/2	18 milliards 1/2

Notre production s'est plus que doublée en 33 ans. D'ici au siècle prochain, elle pourra fort bien se tripler; et alors, non-seulement notre dette, mais nos impôts aussi se trouveront par ce fait singulièrement allégés.

Sans vouloir compromettre l'autre amortissement, dont aucun de ceux qui ont aujourd'hui l'âge d'homme ne recueillera les fruits, qu'il me soit permis de dire que je lui préfère l'amortissement lent, continu, dont chacun de nous pourra sentir l'influence; mais pour fonctionner, ce dernier exige que l'on continue à développer la richesse publique.

Il exige, par conséquent, aussi que l'on complète notre outillage, non plus seulement de chemins de fer, mais encore de chemins vicinaux, de canaux, de ports; que l'on s'occupe sérieusement des reboisements, des irrigations, des défrîchements. A ce point de vue, je trouve que l'établissement sur les routes de chemins qui doivent produire quelque chose comme 2,500 francs par kilomètre, n'est pas, à beaucoup près, ce que nous avons, en ce moment, de plus utile à faire ni de plus pressé.

Je tiens essentiellement à la construction du réseau d'intérêt local, mais avec la même voie que notre grand réseau. Je l'ai dit précédemment. Je dois encore faire observer à ce sujet que lorsque de tous côtés et dans toutes les industries on substitue autant que possible le travail mécanique au travail humain, lorsque jusque dans la mansarde de l'ouvrière on a introduit la machine à coudre, il serait étrange que dans la grande industrie des chemins de fer on substituât, de gaieté de cœur, le travail lent, pénible et coûteux du transbordement opéré par des hommes, aux manœuvres que la machine fait si lestement et presque sans frais. Il y aurait là, je ne crains pas de le dire, un singulier anachronisme économique.

---

§ 19.

Résumé et Conclusions.

Dans ce qui précède, j'ai essayé de déterminer la valeur réelle des chemins à largeur réduite et de mesurer exactement leurs avantages et leurs inconvénients. J'ai montré en quoi consistent leur flexibilité et la légèreté de leur matériel. J'ai signalé ensuite leur infériorité sous le rapport du transbordement, des doubles gares, des opérations militaires. J'ai dû, pour rendre la discussion plus expressive, étudier d'une manière spéciale quelques exemples choisis parmi les plus remarquables; ainsi les chemins à voie réduite de Festiniog, d'Anvers à Gand, et de Mondalazac, comme aussi le chemin à voie normale de la Seudre.

Je rappellerai succinctement, en ce qui concerne la flexibilité, qu'elle ne saurait en aucune manière se mesurer à l'écart existant entre les prescriptions des cahiers des charges relatifs à la voie normale, et les tolérances accordées aux chemins à voie réduite. Elle paraît varier, pour la même résistance au passage des courbes, en raison inverse de l'écartement des rails. D'où résulte que si l'on admet les rayons de 100 mètres pour les chemins d'un mètre de largeur, ceux de 150 mètres devraient être admis pour les chemins à voie normale dans les mêmes conditions de trafic et de vitesse. Quant aux pentes, la situation est évidemment la même des deux côtés.

L'avantage de la flexibilité se réduit donc à peu de chose en théorie, à moins encore en pratique, si l'on veut bien admettre qu'avec des courbes de 150 mètres de rayon on peut aborder à peu près tous les terrains et, sauf très-rares exceptions, obtenir le minimum de dépenses pour l'établissement de la plate-forme. Avec la voie normale comme avec la voie réduite on peut employer des rails légers, et on l'a fait dès l'origine. Mais l'accroissement des vitesses de marche et des poids de machines a bientôt rendu les premiers rails insuffisants et on a dû les renforcer. C'est une nécessité à laquelle aucune largeur de voie ne saurait soustraire les Compagnies. Elles ne chercheront même pas à s'y dérober si elles ont quelque souci de la sûreté de leur exploitation et de l'économie de leur entretien.

La diminution du poids mort ne paraît pas non plus être une conséquence irrécusable de la réduction de largeur de la voie. Elle paraît tenir avant tout à des préoccupations d'économie qui sont légitimes, s'il ne s'agit que de petites vitesses et de faibles trafics, mais qui pourraient devenir dangereuses sur les chemins à grande circulation. Dans ce cas, l'expérience apprend qu'un matériel un peu lourd, mais robuste, est préférable à un matériel léger, mais sujet, par cela même, à de trop fréquentes réparations.

En principe, la proportion des *retours à vide* dépend de l'état des relations commerciales. C'est à tort qu'on la rattache à la largeur de la voie. Tout au plus peut-on dire que le transport des véhicules sans charge constitue un inconvénient d'autant plus grave que leur poids propre est plus considérable.

Quant à l'utilisation du matériel, elle est d'autant meilleure que les Compagnies *ont* ou *prennent* plus de liberté vis-à-vis du public. Si elles tiennent à satisfaire leur clientèle, elles font les expéditions avec célérité, au risque de transporter quelques wagons à moitié chargés. Si elles recherchent avant tout une exploitation économique, elles utilisent tous leurs délais. Les Compagnies anglaises suivent le premier système. On prétend que les Compagnies françaises inclinent vers le second.

Jusqu'ici je ne saurais relever d'avantages bien positifs au profit des chemins à voie réduite. Leurs inconvénients ne me paraissent au contraire que trop réels.

Ainsi, le transbordement, malgré la modicité apparente des frais qu'il occasionne, est bien véritablement, comme l'ont pensé dès l'origine les Anglais, une cause sérieuse d'amoindrissement à l'utilité des chemins de fer. Il a pour corollaires obligés des retards dans les expéditions, des avaries, des détournements de marchandises dont le public souffre, et il astreint les Compagnies à des accroissements de matériel roulant et à des développements de gares qui leur coûtent fort cher. On dit, il est vrai, qu'il est entré dans la pratique courante des exploitations actuelles. C'est exact dans une certaine mesure et il y a des motifs sérieux pour qu'il en soit ainsi. Mais, à tout prendre, ce n'en est pas moins un très-réel inconvénient; on ne doit pas se le dissimuler et l'on doit, autant que possible, chercher à l'amoindrir. Ce n'est pas ce qui arrivera avec les chemins à voie réduite; car de *facultatif* il deviendra *obligatoire* et pèsera sans exception sur tous les produits transportés.

Avec le changement de largeur de voie, plus de gares, plus d'ateliers, plus de tronçons communs. Les grandes Compagnies y perdront des péages et des loyers qui ne sont pas à dédaigner. Les petites Compagnies seront forcées de construire des gares terminus, des lignes parallèles aux grands réseaux, et pour nombre d'entre elles cette obligation constituera une impossibilité d'existence. Quant au public, qui est le naturel payeur de toutes les fautes de cet ordre, il devra acquitter toutes les surcharges qui viendront, par le fait des gares et chemins en double emploi, peser sur les transports.

On dit encore, pour excuser, au moins en ce qui concerne les doubles gares, cette grosse inconséquence économique, qu'elle est comme les transbordements entrée dans le pratique courante. Je ne le sais que trop, mais encore une fois, est-il vraiment sage d'ériger en principe et de rendre obligatoire cette disposition, qui jusqu'à ce jour a été accidentelle et provient de regrettables malentendus.

J'hésiterais, je l'avoue, à formuler pareilles critiques malgré leur évidente justesse si l'expérience du passé ne m'y autorisait. Mais a-t-on oublié par hasard ce qui a eu lieu en Angleterre quand on s'est aperçu pour la première fois de l'inconvénient des voies inégales? Les Compagnies anglaises se le rappellent, car elles ont dû faire bien des efforts et des sacrifices pour revenir à cette unité de type dont elles n'avaient pas dès l'abord compris toute l'importance. La Hollande et le duché de Bade, pour conserver leur transit, ont dû adopter la même voie que leurs voisins et de nos jours la Compagnie d'Anvers à Gand, bien que prospère, transforme son chemin.

Les motifs qui poussent ou ont poussé nos voisins à ces graves déterminations auraient chez nous la même valeur. Mais nous en avons malheureusement d'autres tout particuliers qui ne nous permettent aucune hésitation. Il est certain que les wagons des voies étroites ne se prêtent pas aussi bien aux transports militaires que ceux des autres voies. Il est certain également que les transbordements en plein cours d'opérations de guerre causeront des retards, des désordres et occasionneront de sérieux dangers.

Le seul fait de la rupture de charge, s'il n'est pas prévu et signalé à l'avance, pourra devenir la cause de véritables catastrophes. Et enfin quel parti pourrons-nous tirer du matériel des voies étroites qui, dispersé dans toute la France, cantonné sur les petits réseaux, ne pourra même pas s'approcher du théâtre de l'action. S'il est vrai, comme l'a dit M. Harding, que l'inégalité de largeur réduise de moitié la valeur commerciale des voies ferrées, on peut affirmer qu'elle annule complétement leur valeur militaire. Or, on ne le sait que trop, nous avons actuellement besoin de toutes nos ressources, de toutes nos forces.

Il ne nous est plus permis d'en rien négliger ou d'en rien détourner.

Au nom de quel puissant intérêt nous convie-t-on à une pareille et dangereuse innovation? Au nom d'un seul, l'économie. Mais si la réduction de dépenses que nous pouvons espérer par l'emploi des voies réduites est incontestable en principe, elle est contestée quant à son chiffre et n'est pas en réalité bien considérable; d'ailleurs tout porte à croire que les frais accessoires causés par le transbordement la réduiraient beaucoup si même ils ne l'annulaient complétement. A cette mutilation de notre réseau de chemins de fer, le pays en définitive n'aurait rien gagné.

J'aurais compris cette préoccupation d'économie alors que la France se lançait pour la première fois dans la construction des chemins de fer. Si on avait pu prévoir alors le nombre de milliards que notre réseau engloutirait, beaucoup d'hommes timides, bien des esprits chagrins, se seraient récriés et nous auraient poursuivis de leurs sinistres prophéties. Ils auraient vu dans cette gigantesque construction la ruine complète du pays. C'est cependant le contraire qui est arrivé.

J'aurais compris encore qu'au sortir de la guerre néfaste de 1870, on mît en doute la prodigieuse vitalité de la France, ses immenses ressources, et qu'on hésitât à accroître encore les charges que lui imposaient sa dure rançon et la reconstitution de ses forces militaires. On aurait eu tort, l'événement l'a prouvé. Toutefois les apparences auraient justifié cette réserve.

Mais aujourd'hui que le travail national a repris son activité, que notre épargne s'est reconstituée, que les capitaux abondent, cette timidité qui nous saisit tout à coup peut paraître au moins singulière.

Eh quoi, alors que notre réseau est aux trois quarts terminé, nos dépenses aux trois quarts faites, alors que le crédit de nos grandes Compagnies défie toute atteinte, que nos départements veulent continuer au profit des chemins de fer les efforts qu'ils ont faits autrefois pour les chemins vicinaux, que l'Etat n'a plus guère à intervenir à l'aide des fonds du Trésor, mais seulement au moyen d'une bonne direction, de sages conseils, d'une administration prévoyante; c'est alors, dis-je, que l'on pousse le cri d'alarme et qu'on veut nous donner, sous prétexte de chemins à bon marché, des chemins fort médiocrement utiles. J'avoue que je ne le comprends guère.

Il est vrai que certains esprits, se faisant une idée fausse, à mon avis, des devoirs de l'Etat, voudraient l'ériger en tuteur universel des grandes entreprises. Mais, en vérité, ce rôle est-il bien le sien? A vouloir remplacer la providence ne risque-t-il pas de s'égarer? Sa sollicitude ne serait-elle pas tout aussi bien placée à l'endroit de ces nombreuses entreprises que l'on voit chaque jour éclore et disparaître en ne laissant que des ruines? Ne serait-il pas plus sage de détourner les capitaux français de certaines folles aventures où ils vont s'engager sur la foi de prospectus mensongers. Si, au lieu de courir au Honduras, au Mexique, en Espagne, en Turquie, ils étaient restés tranquillement et honnêtement en France, s'ils avaient été employés à construire nos chemins de fer, ils auraient pu ne pas recueillir de gros dividendes, peut-être même pas d'intérêts; l'exemple des grandes Compagnies à leur début prouve que c'est chose très-possible; mais au moins le fonds leur serait resté et à nous aussi. Notre réseau de chemins de fer serait aujourd'hui terminé.

Cette préoccupation d'économie à l'endroit des chemins d'intérêt local paraît au moins singulière quand on voit combien peu elle intervient à l'endroit des chemins d'intérêt général. Telles lignes que je pourrais citer, d'abord concédées par les départements à la condition d'une construction modeste, d'un prix de 120,000 francs par kilomètre, puis reprises par l'État, figurent dans les projets de concession pour plus de 300,000 francs. Il est vrai que les cahiers des charges prescrivent alors l'établissement de l'infrastructure et l'achat des terrains en vue d'une seconde voie dont personne n'oserait affirmer, pour l'avenir, la nécessité. C'est là, à mon sens, qu'il y aurait lieu, dans l'intérêt public, de faire de sérieuses réductions de dépenses.

Quand nous avons encore tant et de si utiles travaux à accomplir pour compléter et améliorer notre réseau de voies navigables, pour aménager nos eaux en vue de la défense du sol, de l'irrigation, de la pisciculture; quand nous avons encore tant de montagnes à reboiser, de marais à dessécher, je me demande si le moment est bien venu d'entreprendre des chemins de fer routiers en vue d'un trafic de 2,500 fr. par kilomètre. L'emploi de nos capitaux disponibles est loin d'être indifférent; s'il est sagement réglé, il doublera rapidement notre force productive et vaudra mieux pour nous que l'amortissement de notre dette à l'aide des chemins de fer, amortissement que l'on nous fait entrevoir et dont de bien rudes éventualités nous séparent encore.

Mais je ne saurais m'abuser, personne ne saurait s'abuser sur les véritables motifs de ces innovations. Au fond c'est un nouvel épisode de la lutte entre les grandes et les petites Compagnies, entre la centralisation mal comprise et l'initiative des départements. Ce que l'on veut atteindre, c'est le réseau d'intérêt local actuellement en formation, et l'on espère, en le faisant passer sous les fourches caudines de la voie étroite, le rendre inoffensif pour les grandes Compagnies, même au risque de le rendre inutile au pays.

Ce système prohibitif, cette ceinture, non de douanes mais de transbordements, dont les grandes Compagnies veulent s'entourer, aurait le sort des autres systèmes prohibitifs. Il gênerait beaucoup les transactions, restreindrait les transports et finirait par coûter cher aux grandes Compagnies elles-mêmes. Je suis convaincu que leurs intérêts réels sont, sur ce point, absolument d'accord avec ceux du public; je suis convaincu que tout ce qui est de nature à multiplier les échanges, à faciliter la production, à accroître la richesse du pays, augmente du même coup les produits des Compagnies et assoit leur prospérité sur des bases indestructibles. Sans inquiétude pour l'avenir, mais avec un vif regret pour le présent, je contemple leur attitude anxieuse et leur dépit à la vue des nouvelles puissances qui tendent à s'élever. C'est le sort cependant de toutes les dominations : aucune n'est stable si elle ne sait se résigner à être juste et à se mettre constamment d'accord avec les intérêts du pays.

J'ai l'absolue conviction que la diversité des largeurs de chemins de fer produira les mêmes fâcheux résultats que la diversité des types d'écluses dont nous avons fait, pour les voies navigables, la triste expérience. C'est assez, c'est trop même d'une faute de cette nature. Si nous en commettions une seconde, on pourrait vraiment douter de notre bon sens et de la sagacité de nos Administrations.

Cependant je me garderai bien de condamner l'emploi des chemins à voies étroites pour l'industrie et même pour les transports des voyageurs quand il s'agira de chemins condamnés, par la nature ou par des considérations politiques, à un *complet isolement.* Seulement, je me refuse à regarder leur introduction dans notre réseau de viabilité générale comme une chose vraiment utile et opportune. S'il y a *impossibilité absolue* de construire dans certaines directions des lignes à voie normale, qu'on en construise d'autres, je le veux bien; nécessité n'a pas de loi. Mais auparavant qu'on examine avec soin si cette impossibilité est bien réelle, et si par hasard elle ne tient pas plus à l'inexpérience des constructeurs qu'au relief même du terrain.

Une question qui touche à de si graves intérêts publics ne me paraît pas pouvoir être résolue incidemment, à propos de projets de loi d'une importance fort secondaire. Elle doit, ce me semble, faire l'objet d'une enquête *spéciale, sérieuse, approfondie,* comme l'a été celle que les Anglais ont instituée, en 1844, sur le même sujet. Par là, bien des erreurs se dissiperont, bien des exagérations intéressées seront réduites à leur véritable valeur. Par là enfin nous saurons ce que l'on veut et où l'on va.

FIN

PIÈCE ANNEXE A.

Accroissement de travail dans les courbes.

Quand la base des wagons se meut dans une courbe et que les roues sont calées sur leurs essieux, il faut de toute nécessité que la roue extérieure, qui a un plus grand chemin à parcourir et ne peut pas faire un plns grand nombre de tours que l'autre, glisse en même temps qu'elle roule.

De là un frottement plus considérable et un accroissement de travail proportionnel, toutes choses égales d'ailleurs, au chemin que la roue parcourt en glissant.

Nous admettons, dans ce qui va suivre, que le relèvement du rail extérieur compense exactement la force centrifuge et par suite, que les roues conservent par rapport aux rails leur même position. Ceci étant, on trouve par un calcul assez facile, que le rapport de l'accroissement de travail au travail normal est donné par la relation $\frac{f' l}{f R}$, l étant la longueur de la voie, R le rayon extérieur, f' et f les coefficients du frottement de glissement et de roulement. Comme ces derniers sont constants, l'accroissement de travail est en définitive proportionnel à $\frac{l}{R}$.

Ceci veut dire qu'il ne changera pas si on accroît les rayons dans la même proportion que les largeurs de voie. De là résulte qu'à ce point de vue, le rayon de 150 pour la voie normale est l'équivalent de celui de 100 pour a voie d'un mètre.

C'est à peu près le rapport qu'avait indiqué M. Fitzgibbon, ingénieur en chef des chemins de la Nouvelle-Galles du Sud.

PIÈCE ANNEXE B.

Note sur l'application de la voie normale au petit chemin de Mondalazac.

Le chemin actuel de Mondalazac a une longueur de 6,907^{m}.40, soit en nombre ronds 7 kilomètres. Il part de la station de Salles-la-Source à l'altitude 549^{m}.30, s'élève sur le plateau à l'altitude 570^{m}.35 et redescend à l'embarcadère de Mondalazac à 540.20.

L'inclinaison maxima atteint 12 millimètres par mètre; elle règne sur 2,507^{m}.50. Elle se présente en remonte pour les trains chargés de minerais.

En plan, le chemin présente deux courbes de 75 mètres et deux autres ayant respectivement 60 et 40 mètres de rayon. Cette dernière est au départ de Mondalazac.

Les wagons spéciaux de la Compagnie d'Orléans que nous voulons y faire circuler pèsent, à vide, 4^{t}.83; à pleine charge, 14^{t}.83, soit en nombre ronds, 15 tonnes. Les essieux sont espacés de 1^{m}.50 et calée d'un côté seulement avec les roues.

Les locomotives spéciales qui devraient faire la traction sur le chemin ramené à la voie normale pèseraient, au repos, 15 tonnes, soit 3 de plus que les locomotives actuelles. L'écartement de leurs essieux serait le même, soit 1^{m}.40.

Dans ces conditions, la traversée des courbes de 100 mètres de rayon ne présentera aucune difficulté et le démarrage sur la courbe de départ tracée à 70 mètres non plus. Les exemples que nous avons cités et notamment celui de la courbe de 60 mètres placée sur le chemin qui dessert l'usine de Jamaille, ne permettent aucun doute à cet égard.

Adoptant le système actuel d'exploitation, nous supposerons que la machine prenne le nombre de wagons qu'elle peut mener et les conduise sur le plateau, d'où le train, formé complétement, descendra à la station de Salles-la-Source. Actuellement, il s'agit de pourvoir à un service de 120 tonnes environ de minerai par jour, et les trains partiels se composent de 7 wagons, le train complet de 28 au maximum. Nos trains partiels seront composés de 3 wagons, le train complet de 12.

Le petit tableau suivant met en regard les divers éléments de ce transport à la remonte.

DÉSIGNATION DES POIDS	VOIE ÉTROITE.		VOIE NORMALE.		OBSERVATIONS.
Poids mort	9t 80		14t 49		
Poids utile	26 60	48t 40	30 00	59t 49	
De la locomotive . . .	12 00		15 00		
Effort de traction. . .	910k		1.115k 31		
Adhérence	1.200k		1.500k 00		

On voit, en rapprochant les chiffres, que le service se fera dans des conditions tout à fait analogues. Les nouvelles machines ayant relativement à leur charge une puissance au moins égale à celle que déployaient les anciennes, laquelle déjà dépassait un peu les besoins.

Reste à examiner le côté économique de la question et à dresser le bilan de cette transformation.

Nous nous bornerons à donner 0m.40 de plus de largeur à la plate-forme, rien ne nous convie à faire davantage.

L'acquisition supplémentaire des terrains se réduira à une bande de 0m.40 de largeur sur 7 kilomètres de longueur, soit une surface de 28 ares qui, à 10 francs l'un, sans dépréciation ni indemnités accessoires, représentent. . . . . fr. 280 »

Les ouvrages d'art ont coûté 6,113 fr. 40 cent., leur modification n'atteindra pas 5 pour 100 de ce chiffre, soit. . . . . 300 »

A l'aide des renseignements que la Compagnie d'Orléans a eu la complaisance de mettre à ma disposition, j'ai pu étudier l'accroissement de déblais que l'élargissement de la plate-forme et l'agrandissement du rayon des courbes inférieures à 100 mètres nécessite et j'ai trouvé que le cube des déblais, qui a été dans l'origine de 24,323 mètres cubes, aurait dû être porté à 29,523 mètres cubes, soit une augmentation de 5,200 mètres cubes, qui, à 1 fr. 75, prix indiqué par MM. Thirion et Bertera, représenterait. . . . . fr. 9,100 »

reporter. . . . . . 9,680 »

Report. . . . . 9,680 »

La couche du ballast élargie de 0^{m}.40 aurait exigé un cube de 6.907 × 0.40 × 0.34 = 939,35 et, déduction faite du volume en excédant des nouvelles traverses, environ 900 mètres qui, à 2 francs, auraient coûté . . . . . fr. 1,800 »

Les traverses actuelles du chemin de Mondalazac cubent environ 0st.03 pièce, comme il y en a 1 et un tiers par mètre courant, elles représentent, pour cette même longueur, un volume de 0st.04. Les traverses nouvelles, type de la Seudre, cuberaient 0.055 et avec le même espacement 0st.063. D'où ressort une différence par mètre couraut de 0st.023, et pour 6907 mètres, de 158st.58 ; à raison de 50 francs le stère, cet excédant se chiffre à. . . . . fr. 7,943 »

Les rails, portés de 16^{k}.50 par mètre à 21^{k}.50, constituent un accroissement de 70^{t}.82 pour les 7,082 mètres de la ligne et du garage sur le plateau. A 250 francs la tonne, il en résulte un accroissement de dépenses de. . 17,687 50

Des stations, passages à niveau, il ne saurait être question d'uu côté plus que de l'autre.

Les deux locomotives pèseront 15 tonnes chacune, soit pour les deux 30 tonnes, ce qui donne un excédant de poids de 6 tonnes qui, à 1^{f}. 6, représente. . . . . . fr. 9,600

Le total de toutes ces augmentations s'élève à. . . fr. 46,710 50

Mais il convient d'en déduire :

1° Le prix des 70 wagons de la voie étroite dont l'on n'aura plus besoin, soit d'après le compte de MM. Thirion et Bertera. . . . . fr. 60,000 »

2° Le prix des installations et d'une partie des voies de la station de Salles-la-Source, approximativement, fr. 3,000 »

Soit en tout. . . . . . . fr. 72,000 »

Le compte de premier établissement se trouve, en définitive, réduit de 72,000.00 — 46,710.50 = 25,289.50, ou en nombre rond 25,200 francs.

Au taux de 6 pour 100, intérêts et amortissement compris, la dépense annuelle se trouve donc allégée de fr. 1,512.00.

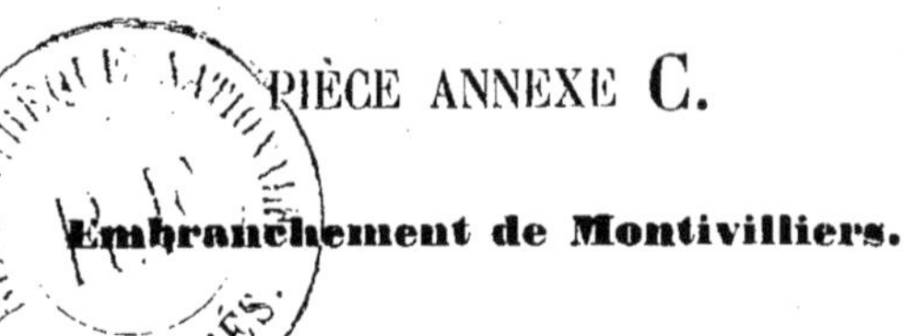

PIÈCE ANNEXE C.

Embranchement de Montivilliers.

La petite ville de Montivilliers est située à 11 kilomètres du Havre et à 4 kilomètres de la station de Harfleur par voie de terre. On compte de Harfleur au Havre 6 kilomètres par chemin de fer. D'où résulte qu'en se rendant de Montivilliers au Havre par Harfleur, on n'a que 10 kilomètres à parcourir, dont 6 sur rails. On préfère cependant l'autre direction. Le haut prix de la voie de terre et l'allongement de parcours qu'elle impose ne paraissent pas compenser les inconvénients du transbordement.

L'Administration propose aujourd'hui (voir l'Exposé des motifs déposé à la séance du 2 août 1875, n° 3382) de faire construire par la Compagnie de l'Ouest un embranchement sur Montivilliers au prix total de 1,500,000 francs, soit de 375,000 francs par kilomètre.

Mais ne serait-ce pas le cas de recourir aux chemins à voie étroite, et d'économiser à leur aide au moins *un million?* On aurait encore à subir un transbordement, il est vrai; mais dès l'instant, comme on l'affirme, qu'il n'en résulte d'autre inconvénient qu'une surtaxe de 0f.25 par tonne, il est manifeste que l'intérêt de l'économie réalisée sur la construction permettrait de payer cette surtaxe pour 240,000 tonnes, c'est-à-dire pour un trafic quatre ou cinq fois plus considérable que celui que l'on attend; il en résulterait donc une *très-sérieuse réduction des dépenses annuelles.*

Cette proposition est en complet désaccord avec les doctrines émises précédemment; et de cette grosse contradiction il semble résulter *que les voies étroites et le transbordement sont admissibles quand il s'agit des lignes d'intérêt local, et ne le sont plus quand il s'agit des lignes d'intérêt général.*

Paris. — Typographie de J. Best, rue des Missions, 15.

www.ingramcontent.com/pod-product-compliance
Ingram Content Group UK Ltd.
Pitfield, Milton Keynes, MK11 3LW, UK
UKHW020156200726
13856UKWH00003B/1025